油库加油站设备设施系列丛书

油罐及其附件

马秀让　主编

中国石化出版社

内容提要

本书介绍了各类油罐的特点，对金属立式油罐设计与系列、结构特点、使用管理、维护修理、安全监测、问题处理、工程验收等做了重点讲解，对油罐附件的作用原理、结构特点、产品规格、选择安装等内容给予详细介绍。是依据国家和行业标准，总结多年来油罐建设管理经验和研究成果编写而成。

本书可供油料各级管理部门和油库、加油站的业务技术干部及油库一线操作人员阅读使用，也可供油库、加油站工程设计与施工人员和相关专业院校师生参阅。

图书在版编目(CIP)数据

油罐及其附件／马秀让主编. —北京：中国石化出版社，2016.9 (2024.9 重印)
（油库加油站设备设施系列丛书）
ISBN 978 - 7 - 5114 - 4242 - 0

Ⅰ.①油… Ⅱ.①马… Ⅲ.①油罐 - 基本知识 Ⅳ.①TE972

中国版本图书馆 CIP 数据核字(2016)第 215427 号

中国石化出版社出版发行

地址：北京市东城区安定门外大街 58 号
邮编：100011　电话：(010)57512500
发行部电话：(010)57512575
http://www.sinopec-press.com
E-mail：press@sinopec.com
北京富泰印刷有限责任公司印刷
全国各地新华书店经销
*
850×1168 毫米 32 开本 10 印张 245 千字
2016 年 9 月第 1 版　2024 年 9 月第 2 次印刷
定价：40.00 元

《油库加油站设备设施系列丛书》
编 委 会

《油罐及其附件》
编 写 组

主　　　编　马秀让

副　主　编　张全奎　景　鹏　孙海君

编　　　写　（按姓氏笔画为序）

马月红　王立明　申兆兵　朱　明

杨林易　何岱格　张　云　周江涛

郑志峤　姜　楠　屈统强　高少鹏

郭广东　穆祥静

《油库加油站设备设施系列丛书》
前　言

　　油库是收、发、储存、运转油料的仓库，是连接石油开采、炼制与油品供应、销售的纽带。加油站是供应、销售油品的场所，向汽车加注油品的窗口，是遍布社会各地不可缺少的单位。油库和加油站有着密切的联系，不少油库就建有加油站。油库、加油站的设备设施，从作用性能上有着诸多共性，只是规模大小不同，所以本丛书将加油站包括在内，且专设一册。

　　丛书将油库、加油站的所有设备设施科学分类、分册，各册独立成书，有各自的系统，但相互又有联系，全套书构成油库、加油站设备设施的整体。

　　丛书可供油料各级管理部门和油库、加油站的业务技术干部和及油库一线操作人员阅读使用，也可供油库、加油站工程设计与施工人员和相关专业院校师生参阅。

　　丛书编写过程中，得到相关单位和同行的大力支持，书中参考选用了同类书籍、文献和生产厂家的不少资料；在此一并表示衷心地感谢。

　　丛书涉及专业、学科面较宽，收集、归纳、整理的工作量大，再加时间仓促、水平有限，缺点错误在所难免，恳请广大读者批评指正。

马秀让

本 书 前 言

　　油罐是油库的核心设备，是油库技术与管理的重点。建好、管好、用好油罐对延长油罐的使用寿命与油库安全运行和提高经济效益具有十分重要的意义。

　　本书针对油料系统各级管理部门和油库业务技术干部及油库一线操作人员的需要，依据国家和行业的油罐相关标准，总结油罐建设管理经验及研究成果编写而成。

　　全书共有7章。内容有对油罐的概念、分类、发展趋势及对立式金属地面油罐、洞式油罐、掩体油罐、水封油罐、盐岩洞罐、矿井洞罐、海上油罐的概述；对金属立式油罐设计与系列、结构特点、使用管理、维护修理、安全监测、问题处理、工程验收等做了重点讲解，对油罐附件的作用原理、结构特点、产品规格、选择安装等内容给予详细介绍。对卧式金属油罐本册未做介绍，将在第八册加油站主要设备设施中专门介绍。

　　本书可供油料各级管理部门和油库、加油站的业务技术干部及油库一线操作人员阅读使用，也可供油库、加油站工程设计与施工人员和相关专业院校师生参阅。

　　本书在编写过程中，参阅了大量有关书刊、标准、规范，对这些作者深表谢意；编写时得到了同行及相关单位的大力支持，在此表示感谢。

　　由于编写人员水平有限，缺点、错误在所难免，恳请同行批评指正。

编　者

目 录

第一章 油罐的概念、分类、 发展趋势及各类油罐

第一节 油罐的概念、分类与发展趋势

一、油罐的概念及相关术语

(一)油罐的概念

油罐是储油的大型容器。它是油库的核心设备，一般占油库总投资的 40% ~ 60%，在油库总平面布置时是首先考虑的重点，也是油库安全保护的重点对象。油罐的总容量是油库规模大小衡量的主要常数。

(二)油罐的相关术语

油罐的相关术语有油罐直径、油罐高度、油罐罐顶曲率半径、油罐矢高、油罐总质量、油罐容量等。油罐的上述术语大部分概念比较明确，只有油罐容量，名称多，概念不清，容易混淆。现将概念相同的述语介绍如下。

1. 设计容量、理论容量、计算容量

上述 3 个名称，叫法不同，但含义相同。是指油罐横截面积乘以罐壁高得到的体积。是设计者根据设计任务书对油罐容积的要求，设计计算出来的油罐容量，也是理论上的容量，见图 1-1(a)。

2. 实际容量、安全容量、储存容量

上述 3 个名称，叫法不同，但含义相同。为了油罐的安全，实际上油品并不能装到油罐的上边缘，一般都留有一定距离 A，如图 1-1(b)所示。A 的大小根据油罐种类以及安装在罐壁上部的

设备(如泡沫发生器等)决定。油罐的设计容量(理论容量、计算容量)减去 A 部分占去的容量(当油罐下部有加热设备时，还应减去加热设备占去的容积)即是实际容量(安全容量、储存容量)。

3. 作业容量、使用容量、周转容量

上述 3 个名称，叫法不同，但含义相同。油罐使用时，出油管下部的一些油品并不能发出，成为油罐的"死藏"。因此，油罐在使用操作上的容量比实际容量(安全容量、储存容量)要小，它的容量是实际容量(安全容量、储存容量)减去 B 部分的"死藏"得到的。B 的大小可根据出油管的高度决定。见图1-1(c)。

作业容量、使用容量，对确定油库周转系数有关，故又称周转容量。

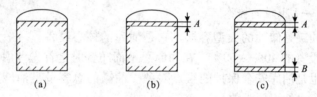

(a)   (b)   (c)

图1-1 油罐容量概念示意图

4. 公称容量、名义容量、标准容量、系列容量

上述 4 个名称，叫法不同，但含义相同。这些容量是油罐容量的一系列规定的数值，以便于油罐容量的标准化，它是为了使用方便通过对油罐体积圆整后而得，如 1000m³、2000m³、5000m³、10000m³ 等，所以公称容量、名义容量又称标准容量、系列容量。一般通过计算出的油罐容量(实际容量、安全容量、储存容量)并不是整数，所以需要圆整，圆整后的数字选靠近油罐系列数字来确定该油罐的公称容量、名义容量。

二、油罐的类型

(一)油罐常用分类方法

油罐的分类尚无统一规定，常用的分类方法有按照安装位置、护体结构、建筑材料、几何形状四种分类方法，其中以几何形状分类使用较多，常见的油罐分类见图1-2。

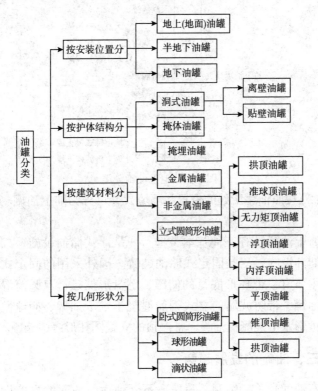

图1-2 油罐分类方框图

（二）地下油罐的分类

地下油罐类型较多，目前国内亦无统一分类方法，一般按罐顶覆盖层的厚度及开挖的方法可分为洞罐和掩体罐两大类。洞罐类中又按储油原理或储油方式的不同分为多种，掩体罐又按不同掩体方式分为两种，详见图1-3。

（三）油罐其他分类方法

（1）按照油罐储油品种，油罐又可分为原油罐、成品油罐、轻油罐、黏油（附油）罐，再讲具体一点可称汽油罐、柴油罐等。

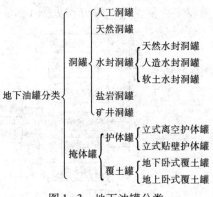

图1-3 地下油罐分类

（2）按照油罐所处的位置和环境，又可分为陆上油罐、海上油罐。

海上油罐又有三种基本类型。一是浮式储油设施，二是半潜式储油设施，三是固定式储油装置。国外采用的固定式储油装置主要有：带环形底盘的储罐、倒盘形储罐、双圆筒混凝土水下油罐、带防波墙的立式钢筋混凝土水下油罐、椭球抛物面形、钟形水下混凝土油罐、带浮顶的立式圆柱形海中储罐。

三、油罐的发展趋势

石油的开采、炼制、消费离不开油库，油库的主体设备是油罐。油库和油罐的发展是随着石油工业和国民经济的发展而发展的。油罐材料经历了非金属到金属再到非金属的循环发展历程，油罐容量经历了由小到大再到特大的过程。

最初发现石油时，储油容器极为简单，利用土坑、陶器、石臼等储油，后来曾采用过内涂石膏的皮囊，也使用过石或砖砌筑的坑穴。钢材作为储油容器在油库中使用是19世纪70年代，最初的容量只有几升、几十升，后来由几立方米到几百立方米。由于石油产量越来越大，各国都发展了大型油罐。20世纪60年代日本建造了10000m³油罐，70年代建造了160000m³油罐，80年代建造了180000m³油罐，目前世界上最大的油罐是美国一钢铁公司的230000m³特大型油罐。我国油罐从几十立方米发展到20000m³，逐步形成系列化，20世纪80年代建成150000m³外浮顶油罐，在役的最大内浮顶成品油罐为30000m³。

油罐的形式已发展成多样化、配套化、系列化，其中立式、卧式金属球顶油罐和立式浮顶油罐使用最为广泛；球形底罐、球形罐、滴状罐等得到了完善与发展。

石油工业的发展和石油战略位置的重要性推动了油库型式的多样性，油罐设置由地上油罐组发展到覆土半地下油罐，埋入地下坑穴的地下油罐，巷道式洞室油罐。随着海洋石油工业的发展，能适应海上储油要求的海上油罐应运而生。除此之外，还有地下水封油罐、地下盐矿洞和废矿坑储油。

第二节　金属立式地面油罐

金属立式地面油罐的种类正像前面所述，有立式圆筒形罐、球形罐、滴形罐。其中球形罐主要分桔瓣式和混合式两种结构型式，公称压力一般分0.79MPa、1.57MPa、1.77MPa、2.16MPa四种。桔瓣式球罐的设计系列为50～10000m³，混合式球罐的设计系列为1000～25000m³。滴形罐的设计系列为400m³、800m³、1600m³、2000m³、3200m³、4000m³。

立式圆筒形罐按罐顶形状又分为立式圆筒形拱顶罐、立式圆筒形准球顶罐、立式圆筒形无力矩顶罐、立式圆筒形外浮顶罐、立式圆筒形内浮顶罐。其中立式圆筒形无力矩顶罐，因为罐结构不太稳定，目前国内已少用。立式浮顶金属油罐是近几年来得到广泛使用的一种油罐，外浮顶油罐通常用于储存原油，内浮顶油罐一般用于储存轻质油品。

外浮顶油罐不仅可以降低油品蒸发损耗，而且特别适宜建造大容积储罐。我国目前最大的外浮顶油罐为150000m³。建造大容积储罐，不仅可以节省单位储油容积的钢材耗量和建设投资,而且可以减少罐区的占地面积,节省油罐附件和罐区管网。但是,由于外浮顶面直接暴露于大气中,储存的油品容易被雨雪、灰尘等污染,所以外浮顶油罐多用来储存原油,用于储存成品油的较少。随着需求的不断扩大,设计的储罐也越来越大型化,目前国内已有 $10 \times 10^4 m^3$、$12.5 \times 10^4 m^3$、$15 \times 10^4 m^3$ 的大型外浮顶储罐,均已应用于储备库、大型油库等工程中。

第三节　洞式油罐

洞式油罐,即安装在洞库内的油罐。洞库有人工洞库和天然洞库,其内的油罐随洞库的实际情况而有所不同。

一、人工洞库与天然洞库的区分

人工洞库是遵循设计规范,按照设计图纸人为建造的山洞,洞内设置若干个金属罐来储存油品的储油洞库。它与天然洞库相比,洞内通道比较规整,金属油罐在洞内布置比较有序,洞内输油、排污、呼吸、通风、供电、通信、消防、防雷防静电等系统比较完善、安装比较规则,对设备的操作使用、维护管理比较方便,管理费用较低,相对比较安全。

天然洞库是利用天然形成的山洞,洞内设置若干个金属油罐来储存油品的储油洞库。洞内平面形状和地坪标高均不规则,因此洞内金属油罐排列无规律,洞内各工艺系统的安装也不规则,通风排污等更难以形成完整的系统。管理不便,安全隐患较大。

二、人工洞油库的状况

(一)国外人工洞油库的状况

石油是主要的战略物资,因此油库是战时主要的攻击目标。因为地面油库的防护能力很低,因此在二次世界大战初期,国外就把许多地面油罐转入地下，于是人工洞油库从那时起就陆续出现。人工洞油库内的油罐有钢板离空油罐和钢板贴壁油罐两种，但由于钢板离空油罐空间利用率低、耗钢量多，国外没有得到大的发展。而钢板贴壁油罐却陆续在一些国家得到大量建造。

美国 1943 年在中途岛海军地下油库，建造了单罐容量为 2500m³ 和 5000m³ 的钢板贴壁油罐。1944 年又在珍珠港建造了 20 个其罐壁为立式圆筒形，顶、底为圆拱型，单罐容量近 $5 \times 10^4 \mathrm{m}^3$ 的钢板贴壁油罐，详见图1-4。在奥萨尔空军储油库建了单罐容量为 12000m³ 的绕丝预应力混凝土钢板贴壁罐。

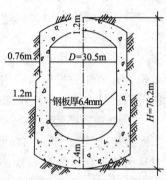

图1-4 美国珍珠港钢板
贴壁油罐

英国在二次世界大战期间建造的地下混凝土罐，均用钢板衬里。他们于 1958 年至 1962 年在马耳他海军地下油库，建的就是卧式混凝土钢板贴壁油罐，其油罐直径为 10.3m，钢板用普通碳素钢。

原苏联也建了不少这样的油罐。1956 年原苏联石油工业部批准的地下混凝土油罐的规格系列中规定：储存透明石油产品和润滑油的非金属油罐，均应采用钢板衬里。据 1966 年的报道，原苏联的钢筋混凝土油罐的衬里主要也是采用钢板。

保加利亚在 1962 年至 1965 年期间，有 40 个储存轻油的油罐，也是按照原苏联设计的装配式钢筋混凝土钢板贴壁罐建造的，单罐容量为 $1 \times 10^4 \mathrm{m}^3$。

(二)国内人工洞油库的状况

在我国，人工洞油库主要有 3 种形式，即钢板离空罐、钢板贴壁罐和混凝土内衬罐。钢板离空罐占多数，钢板贴壁罐和混凝土内衬丁腈橡胶或弹性聚氨酯罐占少数。

1. 离空罐与贴壁罐的区别

所谓离空罐是指金属罐体与被覆层（或岩石毛洞）之间有一定空间，人员可以沿罐壁周边及罐顶通行、检查、维修。油罐渗漏或锈蚀可直观发现。

所谓贴壁罐是指金属罐体或内衬其他材料直接与被覆层贴在一起，两者之间没有空间，人员无法在之间通行、检查、维修。油罐渗漏或锈蚀不能直观发现。但这种罐，空间利用率高；单位立方米油的投资省；内衬与被覆紧贴隔绝了空气，使内衬钢板不容易腐蚀，检查维修的工作量大大减少。

2. 钢板离壁罐的状况

钢板离壁罐，早在20世纪50年代初海军某油库首先建成。它是由原苏联专家和石油部设计院合作设计，洞库开挖后，罐室未做被覆，单罐容量为700m³的金属油罐分别安装在每个岩石罐室内。以后这种罐在储备油库中陆续建造，对罐室、通道大都均做了混凝土被覆层，洞内环境逐渐改善，有的油库还设有上、下通道，提高了洞内通风的效果。

3. 钢板贴壁罐的状况

钢板贴壁油罐，国内在20世纪50年代中开始建造。1956年海军某油库试建青灰油罐时，因为油品渗漏问题难以解决，于是在试建的3个青灰罐内就贴了一层钢板衬里，这就是我国最早建造的钢板贴壁油罐，以后海军陆续在多个洞库内建了这种油罐。国内在长陵炼油厂和河北地区也建了这种油罐，河北地区建的是立式抛物线顶罐，单罐容量$2 \times 10^4 m^3$，是国内目前最大的钢板贴壁罐。据不完全统计，国内有20多个单位建有这种油罐。在已装油或试装油的13个单位中，有47.4%的油罐在建造中获得一次成功；有33.3%的油罐经复查小修后可良好储油；有19.3%的油罐渗漏严重，不能使用。严重渗漏的油罐，主要是因为焊接质量不好、检漏把关不严所致。在成功和失败中，各单位都总结了不少经验。

4. 混凝土内衬丁腈橡胶或弹性聚氨酯罐的状况

混凝土内衬丁腈橡胶罐始建于20世纪60年代末，混凝土内衬弹性聚氨酯罐始建于20世纪70年代初。这两种内衬罐的几何形状多数为卧式房间形，其长度最长为130m，亦有少数立式圆筒形。单罐容量最大的有13000m³左右，小的有几千、几百立方米。这种罐在国内建造历史短，经验少，加上不少是在文革期间建造，施工质量不好。所以有的罐尚未贴丁腈橡胶衬里时，就改贴钢板，使丁腈橡胶衬里罐的建造计划大大减少。这两种罐在经历了20多年使用后，不少罐已渗油、漏水严重，有的丁腈橡胶衬里鼓包、发霉，甚至大面积脱落，不能继续使用，急需修复改造。前几年，军队已对大部分丁腈橡胶衬里罐改为钢板贴壁油罐。总后勤部军需物资油料部于2006年发布实行《钢板贴壁罐设计规范》YLB 6—2006和《钢板贴壁罐施工和验收规范》YLB7—2006。

三、天然洞油库的状况

在天然形成的岩洞内安装金属油罐来储油，在国内只有个别油库，其库容量较大，油罐数量较多，单罐容量大小不一，在洞内布置难以规整，管理使用困难，安全上不易保证，多次请专家研究提出安全措施，但难以达到有关部门的要求，致使这种洞库难以永久存在下去，更无发展前景。

第四节　掩体油罐

一、人工洞库与掩体库的区别

人工洞库与掩体库这两类油库的主要区别有二，其一是覆盖层厚度和防护能力不同，人工洞库覆盖层厚，有几十米，掩体库覆盖层薄，只有几十厘米，对于人工洞库在"防护设计规范"中有明确规定,要求其能防原子武器袭击,而掩体库只能防弹片。其二是开挖方式不同,人工洞库一般采用从内挖洞的开挖方式,因为它覆盖层厚,不可能从顶部掘开,况且用掘开的方法将会破坏其覆盖层,降低防护能力。掩体库一般采用从罐顶部掘开的开挖方法,所以掩体库又称掘开式库。

二、护体罐与覆土罐的区别

护体罐是金属油罐被建筑材料构筑的护体保护后且在护体外覆土隐蔽的油罐。

护体与金属罐之间留有空间的,称离空护体罐。护体与金属罐紧贴在一起的,称贴壁护体罐。护体罐一般为立式罐,故分别称立式离空护体罐和立式贴壁护体罐。

覆土罐是金属油罐外直接被土掩埋的隐蔽油罐。这种金属油罐一般为卧式罐,因为只有卧式罐才可能直接承受土压力。卧式罐埋在周围地坪以下的,称地下卧式覆土罐,埋在周围地坪以上的称地上卧式覆土罐。

护体罐与覆土罐都有掩体,这是相同之处,故这两种罐又统称掩体油罐。

三、掩体油罐的状况

掩体油罐没有防护能力,最多只能抗不直接命中的炸弹的弹片,它只起到对空隐蔽伪装的作用。

覆土罐多数在加油站建造,掩体库中的护体库也建造的不多,库容也不大,单罐容量多数在 2000m³ 以下,少数有 5000m³ 的,近几年国家为了解决成品油的储备,在已经建有这种罐的油库,投资建了部分单罐容量为 10000m³ 的立式离空护体油罐。

护体库中离空立式护体库为多数,贴壁立式护体库为试建的一种形式。本来贴壁立式护体库比离空立式护体库有些独特优点,如增加了空间利用率,提了钢板的防腐效果等,但因未严格遵循施工程序，未获得满意的效果而未被推广。

第五节　水封油罐

水封洞库，在 2010 年徐至钧主编、杨森、徐卓等编著的《地下水封石洞油库应用技术》一书中有专门系统深入的介绍。我国于 2008 年发布了《地下水封石洞油库设计规范》GB 50455—2008，从 2009 年 5 月 1 日施行。水封洞库的勘察、选址、设计、施工等都应遵循。

本书重点是介绍人工洞油库(罐)和掩体油库(罐)，对水封洞库(罐)仅做概述。

一、水封洞库(罐)的概念及类型

水封洞库，这是地下水封石洞油库的简称。在 GB 50455—2008 中将它定义为：在稳定地下水位以下的岩体中开挖出的用来储存原油、汽油、柴油的地下空间系统。

水封洞库分为天然水封洞库、人造水封洞库和软土水封洞库等。

(一)天然水封洞库(罐)概念

天然水封洞库(罐)的水封层是利用稳定的天然地下水位。因此天然水封洞库(罐)多选在靠海或水源丰富的地方，且选密实少裂隙的岩层地带。岩洞开挖后并需对岩层表面防渗处理。即使这样，向罐内渗的水一般比人工水封洞库多，因此在罐底应设专用排水泵等排水系统。

(二)人造水封洞库(罐)概念

人造水封洞库(罐)是人为建造的水封洞库(罐)，利用砖、石或混凝土建造成双层罐壁，双层罐壁间存水，且保证水位始终不低于罐内油位，使油不向外渗漏。为了防止水向罐内渗漏，对罐壁应采取防渗漏措施。用砖砌双层罐壁时，应按设计配钢筋，表面抹水泥砂浆和防渗涂料。即使这样也可能有少量水渗入罐内，沉在罐底，因此在罐底还应设置排水设备，以保证罐内水位控制在限定高度。也有在岩体中开挖好洞罐后，用混凝土对罐体进行离壁被覆，利用岩体与被覆层之间预留的空隙充水而成水套层，并在罐顶做水封层，罐底做水垫层，从而使混凝土罐处于水的包围之中。

（三）软土水封洞库（罐）概念

软土水封洞库（罐）是根据水封油库的储油原理提出的，是在稳定地下水位的软土中建造的混凝土油罐。

二、水封洞库（罐）的状况

（一）天然水封洞库（罐）的状况

天然水封洞库（罐）是将油品储存在未经被覆的地下岩洞中，利用地下水的静压力防止油品渗漏的新型储油技术。最早的天然水封洞库（罐）于1951年建于瑞典。由于它具有节省建筑材料，不占农田，对空防护能力强，油品蒸发损耗少等显著优点，因此得到迅速推广。

目前，在世界范围内已建造了几百处天然水封岩洞储油库，主要分布在斯堪的那维亚半岛，斯堪的那维亚半岛诸国已有三分之二的各种油品储存在这类油库中。美国、德国、法国、沙特、日本、韩国等国也大量兴建了这类库。

1988年在斯堪的那维亚半岛已有200多座天然水封岩洞库储存原油、石油产品及重燃料油。如在斯堪的纳维亚半岛伯诺夫约登的国家原油库，总库容 $260 \times 10^4 m^3$，洞库断面 $600m^2$，宽20m，高30m，长550m和850m，由几个洞室组成，总长度4330m。

至今，美国已经拥有天然水封岩洞储油库数百座，德国也拥有近百座，而且数量还在不断增加。从20世纪60年代起，前苏联也开始重视地下岩穴油库的建设。

目前韩国建有4座天然水封洞库，总库容 $1830 \times 10^4 m^3$，其

中 $1175 \times 10^4 \mathrm{m}^3$ 已投入使用，$665 \times 10^4 \mathrm{m}^3$ 正在建设；日本于 1986 年开始建造天然水封岩洞库，先后建成久慈、菊闸、串木野三个天然水封储油岩洞库，总容积达到 $500 \times 10^4 \mathrm{m}^3$；新加坡计划建设 1 座约 $400 \times 10^4 \mathrm{m}^3$ 的大型天然水封岩洞油库，用来储存包括原油在内的各种石油产品；沙特阿拉伯计划在 5 个地方建设天然水封岩洞储库，其中利雅得地下石油库已投入运行，其容积约为 $200 \times 10^4 \mathrm{m}^3$。

现收集到部分国外成品油地下水封洞库，见表 1-1。

表 1-1　部分国外成品油地下水封洞库

国别	建设地点	储存品种	容量/m³	投产时间/年
1. 韩国	谷里	柴油	20×10^4	1982
	谷里（扩容）	柴油	18.3×10^4	1995
	丽水、蔚山、平泽、仁川	LPG	150×10^4	1983~2000
	平泽及扩容	LPG	70×10^4	1992~1997
2. 瑞典	Finska Esso	柴油及汽油	50×10^4	1967~1968
	Pakhoed Svenska AB	轻、重柴油	45×10^4	1968~1970
	Shell	轻柴油	40×10^4	1968~1969
	Svenska Esso	轻柴油及汽油	40×10^4	1968~1969
	Gulf	轻柴油	35×10^4	1969~1970
	Texaw Oil AB	轻柴油	10×10^4	1970~1971
3. 芬兰	某地下水封库	轻柴油及汽油	10×10^4	1970~1990

20 世纪 70 年代，我国在沿海地区也建造了这种油库。于 1977 年在山东青岛设计建造了第一座总库容为 $15 \times 10^4 \mathrm{m}^3$ 的原油地下洞库。该地下油库由 2 个洞室组成，其容量分别为 $5 \times 10^4 \mathrm{m}^3$ 和 $10 \times 10^4 \mathrm{m}^3$。80 年代，我国又在浙江象山建成了第一座地下成品油库，但容积仅为 $4000 \mathrm{m}^3$。由于黄岛洞库的单洞室容积较小，进油时的呼吸损耗较大，建设投资高于地上储罐，加之大型浮顶罐的广泛应用，因此，地下水封洞库技术在我国没有得到进一步的应用和发展。直到 20 世纪末，随着我国大量进

口原油(LPG)，地下水封洞库才在我国东南沿海地区开始重新得到应用，在汕头和宁波建成了 2 座地下 LPG 洞库，每座洞库的储量都超过 $20 \times 10^4 m^3$。

国外建造的水封库(罐)，可用来储存原油、重油、柴油、汽油、航空油和液化气等各类油品。我国目前建造的水封库只用来储存原油和柴油，同时也在探索利用水封库储存各类油料的经验。

水封库(罐)的储油方法有固定水位法和变水位法两种。不论是哪一种方法，在罐底都设有水垫层，使油品与岩石罐底不直接接触，以保证油品清洁。

(二)人造水封油库(罐)的状况

建造天然水封油库(罐)的先决条件是建库地区必须有稳定的地下水位，因而使建造天然水封库(罐)受到很大限制。人工水封油库(罐)是基于水封原理而又不受建库地区地下水位限制的油罐。我国建成的 10000m³ 人工水封库(罐)经过储油试验，情况良好，证明这是一种可行的储油方法。它兼有天然水封库和人工金属罐洞库的优点。但因种种原因，这种罐没有继续使用和推广。

人造水封油库(罐)有两种形式。一种是在开挖的岩石洞内建造混凝土油罐，即所谓混凝土离壁式人工水封石洞罐。图 1-5 是人工水封石洞罐示意图。在混凝土罐壁与岩体之间用块石充填，块石的缝隙间充水，构成水套层，这样既保证水封作用又可增加岩体的稳定。水套层的宽度为 30 ~ 40cm。为了减少水套层中的水向山体岩石裂隙中渗漏，对开挖后的岩体应作喷浆处理。为减少水套向罐内渗水，以减少污水处理量，也可对混凝土罐做喷浆处理。另一种人造水封油库是双层混凝土罐壁间成水套的人造水封油罐，它是在没有良好的山区地质条件下，建造在地下或半地下的人造水封罐，如图 1-6 所示。

人造水封罐的罐底可做成单层的，油品直接储存在水垫层

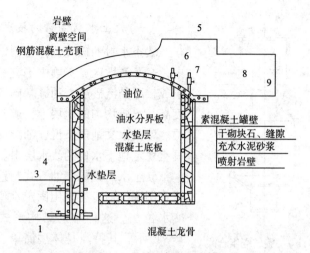

图 1-5 人工水封石洞罐

1—下操作通道；2—排水管；3—发油管；4—密封墙；5—操作间；
6—进油管；7—进水管；8—上操作通道；9—集水坑

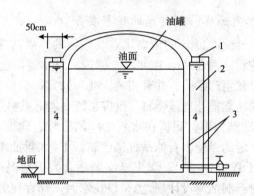

图 1-6 人工水封混凝土罐

1—注水口；2—充水夹层；3—防水面层；4—水

上面。如果油品质量要求高，可采用双层罐底，即在底板安装格状地梁，地梁上铺盖板，两层之间充水，板上面储油，这样既可防止油品从罐底渗漏，又有利于保证油品质量。

这种油罐水封用的水，可依靠高位水池得到不断的补充。

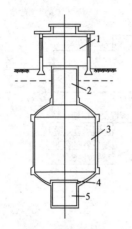

图 1-7　旋转壳组合式
软土水封罐

1—操作间；2—竖井；3—罐体；
4—挡水墙；5—泵坑

（三）软土水封油罐的技术要求

软土水封油罐应选择在稳定土体中，避开滑坡区，土壤中不宜有砾石层或较厚的流砂层，油罐基础宜在强度高、土质均匀的地层上，避开软弱层。就其水文地质来说，油罐应建在具有稳定地下水位的浅水层中。

软土水封罐的储油方式与地下水封石洞罐类似，可采用固定水位法或变水位法。这种罐的结构形式如图1-7所示。其特点是体型简单、结构合理、受力性能好、节省材料，既可采用大开挖施工，又可采用沉井法施工。

（四）水封油库（罐）建造的技术准备

鉴于水封油库（罐）的诸多优点及广阔的发展前景，我国计划将大量建设这种油库。在北欧、韩国、日本等国已有成熟的设计、建设和生产经验，并有相关标准，如EN 1918—4《地下石洞储备库的功能推荐规范燃料气供应系统—地下燃料气储库第4部分》，为欧洲标准。我国在水封油库的设计、建设及生产中，亦积累了一定的经验，石油系统早已制订了《水封油库工程地质勘察规定》（SYJ 52—83），国家已编制适合我国情况的《石油储备地下水封石洞油库设计规范》，LPG水封库储存压力高、储存介质特殊，国家亦准备专门编制LPG地下水封石油库的规范。

三、水封洞库（罐）的储油原理及可靠性分析

在具有稳定地下水位的地区，地下水位以下的岩体裂隙中充满地下水。如果在稳定的地下水位以下（至少5m）开挖岩洞而不采取任何防渗措施时，由于洞内的压力接近于当地大气压力，则岩洞周围的地下水将在静水压力与大气压力的压差作用下，

沿着岩体裂隙渗流到洞内。利用这种岩漏储存油品时，由于油、水的密度差，同一高度上岩洞周围地下水的压力仍然大于油品的静压力，因而油品被封隔在洞罐内，不会向外渗流。相反，在油水静压差的作用下，地下水将源源不断地渗入洞中，并沉积于罐底。由此可以看出这种储油方式的基本原理是利用稳定地下水的水封作用来防渗漏的。

罐体开挖后，裂隙水流向罐内，使罐体附近的地下水位发生变化，出现降落曲线，即在罐体周围形成一个近似于倒锥形的降落漏斗，又称为水漏斗，如图1-8所示。在水漏斗区内岩石已脱水。由于罐体距稳定地下水位有一定深度，因此水漏斗的上边界永远高于油位，并使罐壁附近各点的地下水静压力大于同一水平面上的罐内油压，将油封在罐内。根据地下水运动的规律，水漏斗底面的高程及水漏斗区的范围随着罐内油面高程的变化而变化。如图1-9所示，当油面高程从Ⅰ升至Ⅱ时，水漏斗底面的位置也随之从Ⅰ升到Ⅱ，而且水漏斗区的范围缩小。因此，油面变动时油仍被封在洞罐内，不会渗流到裂隙中去。但实际工作情况是洞罐进油时流量大，油面上升快，地下水水漏斗底面的回升速度慢，因而会有少量油品渗流到脱水的水漏斗中去。当罐内油面稳定后，水漏斗底面逐步回升到油面附近，使暂时渗流到脱水裂隙中去的那一部分油品，在地下水压作用下仍流回洞罐。根据以上分析，只要洞罐顶距稳定地下水位有足够的深度，水漏斗的出现并不会造成洞罐中的油品的流失。

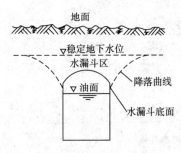

图1-8　洞罐周围的水漏斗

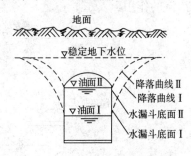

图1-9　水漏斗随油面升降的变化

当两个或两个以上洞罐平行布置而且相距较近时，由于地下水降落漏斗的存在，将使相邻两洞罐之间的岩石间壁出现脱水状态，因而使间壁丧失水封条件。如图1-10所示，当两个罐内油高不同时，高液面罐内的油品将会渗到低液面罐中去，发生混油串油事故。为了防止上述现象的出现，可在两洞罐之间的岩石间壁内设置人工注水通道，在其中注水。依靠注水通道中水的静压力使间壁岩体裂隙中充水，从而保证洞罐的水封条件。

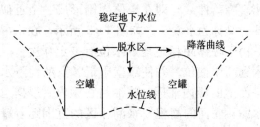

图1-10　相距较近的平行洞罐的水漏斗

注水通道布置在两洞罐之间，如有施工通道可利用时就可减少石方的开挖量。因此在布置施工通道时，就应兼顾日后作为注水通道的要求，使施工通道在罐壁中的长度与洞罐长度相同。沿注水通道上下均钻注水孔，孔径常取51~57mm，孔的间距为4~5m，孔的上下深度均应超过罐顶和罐底位置各5m。如图1-11所示。这样，在注水通道中注水后，就可在相邻洞壁的间壁内形成一个人工地下水幕，起到防止相邻洞罐的油品相互渗流的作用。

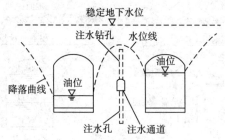

图1-11　间壁人工注水后的水漏斗

显然，根据上述水封原理，不论什么油品，只要相对密度小于1，都可以储存在地下水封库中而不会流失。

四、水封油库(罐)的储油方法和工艺流程

地下水封油库(罐)的储油方法有固定水位法和变水位法两种。不论是哪一种方法，在洞罐底部都设有水垫层，使油品与罐底不直接接触，以保证油品清洁。

(一)变水位法

变水位法是一种旨在减少易挥发油品蒸发损耗的储存方法，主要用于储存汽油。它是通过调节水垫层高度，使油面高度在收、发油过程中保持不变，始终处于接近洞罐顶部的一定高度上。其工作原理如图1-12所示。洞罐进油时，罐内浸没式排水泵同时启动，以相同的流量向外排水，油水界面下降，但油面高度基本不变，以防吸入空气促使油品蒸发。油罐向外发油时，同时以等流量向罐内供水，油水界面上升，仍维持油面高度不变。

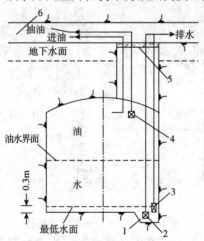

图1-12 变水位法工作原理图

1—泵坑；2—裂隙水泵；3—排水泵；4—抽油泵；

5—混凝土密封盖板；6—操作巷道

洞罐内还设有裂隙水泵，以便在没有收发作业时，及时排放通过罐壁渗入的裂隙水，采用变水位法储油时，地面需设有一定容量的水池，或有充足的水源，以便洞罐向外发油时补充水垫层用水。

图1-13为变水位法储油的工艺流程图。从油轮1卸下的油品经进油管5送入洞罐。为防止产生静电，进油管出口做成喇叭形，使油品进罐流速降到1m/s以下。进入洞罐的油品迫使水垫层的水经连通隧道14进入注水槽3，经溢流墙溢流到注水槽右侧，启动输水泵，将水排入油水分离器19。分离后的水进入活性炭污水过滤器20，经活性炭吸附，达到排放标准后送入储水池或直接排放掉。分离后的油经回流管10返输至洞罐。油品外输时，启动悬于油罐上部的浸没式油泵7。油泵的台数根据要求的最大发油量确定，考虑到备用一般不少于两台。油泵的

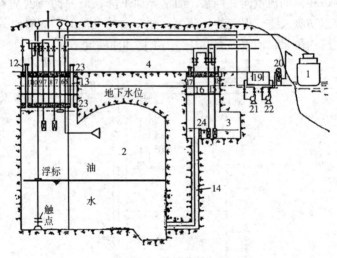

图1-13　变水位法工艺流程图

1—油轮；2—洞罐；3—注水槽；4—操作巷道；5—进油管；6—浮标液面计；7—油泵；8—呼吸管；9—油水界面控制装置；10—回流管；11—量油管；12—竖井两盖板间的注水管；13—洞罐人孔；14—连通隧道；15—输水泵；16—注水管；17—注水槽人孔；18—量水口；19—油水分离器；20—活性炭污水过滤器；21—回收油泵；22—污水泵；23—洞罐竖井盖板；24—溢流墙

出口管线装有压力安全阀和回流管 10，以便在超压时使部分油品经回流管返回洞罐，对油泵起保护作用。启动输油泵的同时，通过注水管向洞罐注水，以维持油面不致下降。

此外，在洞罐竖井内还设有超压保护的呼吸管，观测油面高度的浮标液面计和量油孔，控制最低油位的油水界面控制器等附属设施。

图 1-13 所示的这种带注水槽的变水位储存系统实际上是一种压力储存系统。根据连通器原理，油品储存压力的大小取决于溢流墙顶端的高度以及油、水的密度差。

变水位法储油的优点是罐内气体空间体积极小，而且在油品收发过程中几乎没有变化，因而油品损耗大大降低，爆炸危险极小，特别适宜于储存汽油等易挥发油品。其缺点是收发油时需排放或注入大量的水，不仅需要增设相当容积的储水罐，而且使水泵的运转量和污水处理量大为增加，因而增加了日常操作费用。基于这些优、缺点对比，目前已很少新建变水位储存系统。即使是储存汽油，也逐步为固定水位法所取代。

(二) 固定水位法

固定水位法储存工艺，油罐水垫层的高度不随油品储量多少而变化，始终保持一定值，油面上有变化的气体空间体积。固定水位法的工作原理和工艺流程如图 1-14 所示。

固定水位法洞罐内水垫层的高度由洞罐底部泵坑的围墙控制。当裂隙水渗入量超过泵坑围墙高度时，裂隙水经围墙顶部溢入泵坑，从而使罐底水垫层高度维持恒定。当泵坑内积水达到油水界面控制器中间两个触点的上触点高度时，泵坑内水泵自动启动，将水排出洞罐；当积水面降到下触点高度时，水泵自动停止运行，从而使泵坑内的油水界面在上、下触点间变化，以保证洞罐水垫层超高时可以自由漫流到泵坑中。挡水围墙的控制高度，即固定水位的水垫层厚度，取决于储存油品的性质。一般来说，由于这种洞罐很难清罐，容易产生沉积物的油品宜厚些，以保证发放油品的质量；比较洁净的油品宜薄

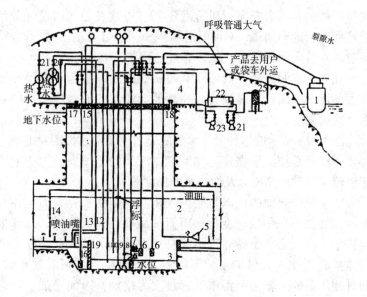

图 1-14　固定水位法工艺流程图

1—油轮；2—固定水位的地下洞罐；3—集水坑、泵坑；4—操作巷道
（供检查和安装设备用）；5—进油管扩大头；6—输油泵；7—裂隙水泵；
8—油水界面控制器；9—液面指示器；10—输油泵回油管；11—裂隙水泵
回水管；12—热水循环管；13—热油循环管；14—油罐点温计；15—呼吸管；
16—裂隙水泵；17—量油口、取样口；18—人孔；19—挡水围墙；20—油换
热器；21—水换热器；22—油水分离器；23—油水分离器抽油泵；
24—污水泵；25—污水去油过滤器（内充活性炭）

些，以增加油罐的利用系数。通常，原油、重质燃料油取水垫层厚度为 0.5～1.0m，柴油、汽油的水垫层厚度取为 0.3～0.5m。沥青和液化气不设水垫层，前者是由于密度较大，不易与水分层；后者是为了防止液化气在低温下生成水化物，造成管线和阀门的堵塞。基于同样的考虑，利用水封库储存液化气时，罐底坡度要做得大些，以便使裂隙水直接顺罐底向泵坑汇集。

　　储存重质油或原油需要加热时，通常可以采用三种加热方法：热油循环法、热水循环法、蒸汽直接加热法。这三种方法

可以只用其中的一种，也可以几种方法同时使用。图1-14所示流程设置了热油循环和热水循环两种加热装置。热油循环是用输油泵将油品经外输管线的旁路输往换热器20，加热后经热油循环管13返回洞罐，经喷油嘴喷出，洞罐内的冷油搅拌混合，如此不断循环即可加热油品。热水循环是用泵16将裂隙水输往换热器21，加热后经热水循环管12返回水垫层，被加热的水垫层再将热量传导给罐内油品。应该指出，对于重质燃料油最好采取蒸汽直接加热油品的方法，因为用热水循环法加热水垫层时，在油水界面容易形成乳化物，这种乳化物有时可达几米厚，它不仅影响裂隙水泵的工作，增加油水分离的工作量，而且含有12%～27%水的油水乳化物还能起隔热作用，严重影响热量从水垫层向油品的传导。

呼吸管15是保护洞罐不会超压的安全设施。它与水封库的总呼吸管相连，将洞罐排出的含油混合气引向库外排放，或经洗涤器后引向火炬燃烧掉。

油水界面控制器有四个触点。中间两个触点是控制泵坑内裂隙水高度变化范围的，如前所述。外侧两个触点用作安全保护和报警的敏感元件。当控制裂隙水高液面的上触点失灵时，裂隙水位继续上升，当其达到最高触点高度时，油泵自动停止工作，以防裂隙水经油泵排出，同时发出水位太高的信号。当控制裂隙水低液面的下触点失灵时，裂隙水位继续下降，当其降至最低触点高度时，再次令水泵停止运行，以防油品经水泵抽出，同时发出水位太低的报警信号。

通过油面指示器不仅可以随时观测油面高度，而且可以自动控制油泵。当油面达到洞罐最高储油高度时，自动停泵，停止进油；当液面降至规定的最低液面时，自动停止发油。

固定水位法的优点是油品收发对不需要大量进水或排水，日常管理中只需排出少量裂隙水，因而减少了水泵的输转量和污水处理量。同变水位法比较，日常经营费用明显降低。其缺点是油面上有气体空间，增加了油品蒸发损耗以及爆炸的危险性。

固定水位法原来多用于储存不易挥发的油品，如柴油、重质燃料油等。由于变水位法的明显缺陷，目前也常用固定水位法储存原油，甚至汽油、液化气。

利用固定水位法储存易挥发油品或液化气时，为了降低油品蒸发损耗或防止液化气汽化，常采用压力储油工艺。储存压力取决于油品的物性，原油或汽油的储存压力常取为 0.1 ~ 0.15MPa；丙烷在 25℃ 时的蒸气压为 0.9MPa，因此液化丙烷的储存压力一般不低于 0.9MPa；丁烷在 25℃ 时的蒸气压为 0.25MPa，因此液化丁烷的储存压力一般不低于 0.25MPa。

采用压力储油时，应保证洞罐内任一点的油或气体的压力都小于该点的地下水静压力，以便使油品和油品蒸气被密封在洞罐内。这样也就限定了各种油品压力储存时洞罐顶部距稳定地下水位的最小深度。例如，原油洞罐罐顶距稳定地下水位的最小深度一般取为17m，液化丙烷水封洞罐常位于地面下120m，液化丁烷水封洞罐常位于地面下 40 ~ 60m。压力储存时，洞罐结构亦应考虑防爆。根据国外资料介绍，压力储存原油时，洞罐的水封墙和竖井盖板按承受1MPa压力进行结构设计，而且竖井盖板做成两层，下层盖板按承受1MPa爆炸压力设计，上下两层盖板之间充水，上下两盖板间距根据洞罐内储油压力所要求的静水压力确定，如储油压力为 0.15MPa，则上下两盖板之间的间距应不小于15m才能使油气不渗入竖井。

采用固定水位法储存汽油时，应采取必要的安全措施。根据国外资料介绍，采用的安全措施有：

（1）在洞罐油面上的气体空间充以氮气，或将进入油罐的空气做超渗炭处理，从而使气体空间充满惰性气体或使含油混合气浓度超过爆炸极限浓度。

（2）不管罐内油品是否采用压力储存，但考虑到发生爆炸的可能性，洞罐的水封墙和竖井盖板均按承受1MPa的爆炸压力进行结构设计，以保证万一发生爆炸事故时只能在洞罐内闷爆，不致危及洞罐结构。

（3）为了防止汽油蒸气经竖井渗漏到操作巷道，必须保证油气不会通过竖井盖板处岩壁裂隙泄漏，为此可沿盖板四周设环形注水槽，使水沿着槽下的注水孔不断补充到盖板附近的岩石裂隙中，起到水幕作用。当洞罐的跨度为 20m 时，注水孔长取 15m，孔径 50～65mm，沿盖板周边每隔 1.2m 左右设一注水孔，具体做法如图 1-15 所示。

五、水封油库洞罐区的结构

图 1-16 是地下水封油库洞罐区透视图。洞罐区各部位的结构及其特点分述如下。

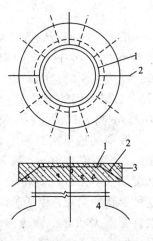

图 1-15 洞罐竖井盖板上的注水槽和注水孔
1—注水槽；2—注水孔；
3—密封盖板；4—洞罐

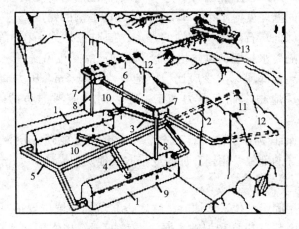

图 1-16 地下水封油库洞罐区透视图
1—罐体；2—施工通道；3—第一层施工支通道；4—第二层施工支通道；
5—第三层施工支通道；6—操作通道；7—操作间；8—竖井；9—泵坑；
10—水封墙；11—施工通道口；12—操作通道口；13—码头

（一）储油洞罐

洞罐常采用直墙圆弧拱顶形状，洞顶圆弧拱矢高常取为洞罐跨度的 1/4～1/5。由围岩应力分析可知，当洞罐的总高与跨度之比为 1.5 时，围岩应力最小。一般情况下洞罐高跨比取为1.5～1.65。国外建造在花岗岩和片麻岩中的洞罐，跨度为 18～20m，洞高为 30m 左右，每个洞罐的容积一般为 $10^5 m^3$。

我国某地下水封油库 20000m^3 洞罐设计成圆趾斜墙拱顶形截面。洞罐底宽 16m，高 20m，拱顶矢高 4m，侧墙与罐底连接的趾部为半径 2m 的倒圆角，侧墙自下而上向内倾斜 5% 的坡度。这种形状的洞罐，由于趾部用圆弧过渡，避免了应力过分集中，改善了应力状态；侧墙向内倾斜，可以避免因上部岩块掉落，互相碰撞而产生火花，有利于安全。

在满足地质要求和水封条件前提下，罐体布置要尽量使施工通道和操作通道短些，而且使这些通道的坡度满足施工要求。当岩石坚硬系数大于 6，石质较好时，在相邻两个平行洞罐之间留下的岩石间壁厚度应为 1～1.5 倍罐体毛洞的跨度。当石质较差时，间壁厚度应不小于 1.5～2 倍罐体毛洞的跨度。这一方面是出于保证岩石间壁稳定性的考虑，同时也是为了在相邻洞罐间建立隔离水封墙，以防相邻洞罐内的油品互相窜流。

洞罐顶部埋深至少应比稳定地下水位低 5m。压力储油时，洞罐埋深应根据储存压力确定。必要时还应考虑防护能力的要求。

为保证使用可靠、施工安全，洞罐顶部要喷一层混凝土，石质不好的部位要用锚杆加固或采取其他支护措施。

（二）泵坑

采用固定水位法储油时，罐底设泵坑。泵坑位置正对竖井。在泵坑内装设油泵和裂隙水泵，泵坑四周筑挡水围墙。泵坑可做成圆形或矩形，它的直径或短边长度一般不小于 5m。泵坑的截面形状与尺寸常与竖井的一致。泵坑的深度取决于所选用的油泵和裂隙水泵，如采用浸没式泵时，泵坑深度取 5m 左右；如采用深井泵，则要更深些。挡水围墙的高度根据所储油品种类确定，挡水围墙要做好防渗处理，使水只能从围墙顶部溢入泵坑，而不能从挡水围墙渗入泵坑。

（三）竖井

竖井操作间与洞罐之间的连接通道，其中装设洞罐的进出油管、给排水管、控制电缆及垂直提升设备等。竖井断面形状、尺寸一般与泵坑相同。矩形竖井有利于工艺管线的布置，但受力状态没有圆形竖井好，所以石质较差的情况多选用圆形断面。竖井的上部和下部普遍采用喷锚加固，中部用喷射混凝土加固。当储存易挥发油品或压力储油时，竖井设双层盖板，中间注水，以形成水封塞。

竖井上端与操作间相接处做密封盖板。密封盖板的作用是悬吊通入洞罐的各种管线和设备，并将洞罐密封起来，使洞罐的油气不能散入操作间。竖井盖板又是操作间地板的一部分。为保证盖板的承载能力，其厚度一般不小于 50cm，且做好密封和防渗处理，以防渗漏油气。对于有爆炸危险的洞罐，盖板按承受 1MPa 爆炸压力设计。为防止管线和设备检修时大量油气从盖板孔洞中逸入操作间，可考虑将经常需要检修的设备放置在套管之中，如图 1-17 所示。

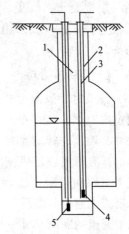

图 1-17　设备加设套管
1—竖井；2—套管；3—发油管；
4—油泵；5—水泵

（四）操作间

操作间位于竖井上面，室内安装工艺管线、液面计、收发油控制装置和起吊设备等。操作间的尺寸和高度应根据工艺管线和设备的布置及操作使用的需要来决定。操作间一般设在山体坑道中，经操作通道与地面联系。但山体比较矮小、工程本身没有特别的防护要求时，也可把操作间布置在地面上。操作间设在山体内时，应做好防水防潮处理，必要时可做离壁衬砌。操作间采用防火密封门，以便发生火灾时窒息灭火。

（五）操作通道

操作通道用以敷设工艺管线（输油管、呼吸管、通风管、给排水管）和电缆，并且是通向操作间的通道。操作通道内有时附设一些洞室，以便安装换热器、风机、备用发电设备等。操作通道的轴线与罐体轴线垂直。通道断面一般为直壁拱顶式，高和宽一般都取 4m，以便施工时汽车出碴。通道有 1% 的纵坡，坡向洞口方向，以利排水。操作通道可以有单独的洞口，也可以与施工通道相接，利用施工通道的洞口。操作通道内普遍喷射一层混凝土，以免岩块掉落。通道口部山体覆盖层较薄，岩石较为破碎，一般采用钢筋混凝土或混凝土整体衬砌，洞口设防护门。

（六）施工通道

施工时，该通道是出碴通道。施工后，在深部的一般施工通道内充水，以保证洞罐的水封。施工通道的平面布置、断面尺寸、坡度、转弯半径等应根据地质情况，并结合施工通风排烟的需要以及施工机械的外形尺寸、爬坡能力、施工设备布置、施工组织和运距等因素，综合比较确定。采用汽车出碴时，单车道施工通道的断面尺寸一般为 4.0m × 4.5m（宽×高），双车道施工通道的断面尺寸一般为 7.5m × 4.5m，坡度一般取为 12%，最大不超过 15%。施工通道要尽可能短，以节约投资。两个平行洞罐间的施工通道应与洞罐长度相同，以便施工后注水起到水封作用。

（七）水封墙

水封墙是用来封堵洞罐的，设在施工支通道与洞罐交接处附近的支通道内。施工结束后，水封墙以内装油，水封墙以外装水，因而它的作用是隔断两侧的油和水，并防止它们相互渗漏。水封墙应有一定的强度和刚度，具有一定的防渗能力。储存燃料油时，水封墙一般按受压 0.3 ~ 0.4MPa 作结构设计，墙厚 1m 左右。储存原油、汽油、液化气等易爆油品时，根据国外经验，水封墙一般按承受 1MPa 爆炸压力作结构设计，墙厚为 2.0 ~ 2.5m。水封墙的位置距罐壁不能太近，一般要离罐壁 4 ~ 10m。这是因为施工支通道与罐体交接处的岩体较为松动，岩体中除有构造裂隙外还有许多爆破施工时产生的裂隙，如果水封墙离罐太近，在静水压力作用下，水封墙有可能沿裂隙面发生滑动。水封墙周边应嵌入岩石中，嵌入深度一般不小于 0.5m。水封墙与岩石接触处要在构成水封墙的混凝土收缩趋于稳定后进行接触灌浆。水封墙附近的岩壁裂隙也应进行压力灌浆处理。

第六节　盐岩洞库(罐)和矿井洞库(罐)

一、盐岩洞库(罐)

(一)盐岩洞库(罐)的储油原理及发展前景

利用盐能溶于水的特性，采用打井注水冲刷的方法，在盐岩中排出被溶于水的盐而构筑成洞穴，在洞穴中储存油品，即称为盐岩洞库。

在外力长期作用下，盐岩毛细孔会因塑性变形而闭塞，具有很好的气密性和液密性。盐岩与各种油品和液化气接触时，不发生化学变化，不溶解，不影响油品和液化气的质量。因此，在盐岩中构筑地下油库是一种理想的储油方式，有其发展远景。

盐岩分布很广，常埋置于 500 ~ 1500m 的深度，厚度从几十米到几百米不等，而且往往面积很大，有些地方盐丘露天地面高达数百米。利用盐岩洞穴储油前景广阔。

地下盐岩油库最早于 1952 年出现在美国，由于它具有许多优点，因此得到很好推广，尤其在美国、加拿大、墨西哥、德国、法国等都大量建造。从 20 世纪 60 年代起,原苏联也开始重视和建造地下盐岩库。目前,美国已有盐岩库数百座,联邦德国已有近百座。每座盐岩库由 1 个或数个洞穴组成。单个洞穴的直径一般为 30 ~ 80m,高 150 ~ 600m,容积为(10 ~ 50)× $10^4 m^3$,最大的可达 $10^6 m^3$,罐顶深度为 400 ~ 1500m。当油库由几个洞穴组成时,库的总容量很大,甚至 $10^7 m^3$。地下盐岩库储油是地下储油中应用最广泛的方法,已建成的储油容积占地下储油总容积的 80%。目前全世界盐岩库容积已超过 $10^8 m^3$。

(二)盐岩洞库(罐)选址要点

选择库址时要考虑有足够厚度的盐层,有充足的用于冲刷洞穴的淡水,盐水能被利用或有排除的去处(要防止损坏周围土地或影响河流湖泊中鱼类的生存)。油库所在的位置要便于收发油料,交通方便。

盐岩可能是沉积层,也可能是盐丘。油库的深度和容量越大,所需盐岩层的厚度也越大。盐丘是建库最理想的地方,因为它的厚度一般都很大。厚度为 60 ~ 80m 的盐岩中,可以构筑容量为(8 ~ 10)× $10^4 m^3$ 的洞穴。厚度在 300m 以上的盐岩层,可以构筑容量为 $50 × 10^4 m^3$ 的洞穴。必要时亦可在薄盐层内建造储油洞穴,但要采取特殊的施工方法。例如美国俄克拉荷马州曾在只有 8m 厚的盐岩层中建造了容积为 $2.4 × 10^4 m^3$ 的储油洞穴。

盐岩的纯度越高越好。建造地下储油容器的盐岩中,非水溶性杂质(如黏土、白云石、硬石膏等)的含量一般不应大于 10% ~ 15%,最多不得超过 30% ~ 40%。非水溶性杂质含量较高时,对洞穴的冲刷应采取特别的方法。

(三)盐岩洞库(罐)的优缺点

地下盐岩库与地面库比较有很多优点:储存油品时可节省投资 2/3 以上;储存液化气时,其投资只相当于地面液化气库的 1/20;占用土地很少,一个几十万 m^3 洞穴的井口装置只占地几十 m^2,$10000000 m^3$ 地下盐岩油库的地面设施只占地 $20000 m^2$(我国一个 $50000 m^3$ 的地面油库,不包括铁路专用线即需占地

160000 m^2);钢材和水泥的耗量少,施工方法简单,节省人力,溶造洞穴的过程还可采用自动控制,可储存液化气和包括航空油料在内的各种油品,经长期储存油品不变质;有很强的自然防护能力,有利于战备;采用油水置换法储油,基本上消除了油品的蒸发损耗,减少了油气对大气的污染,基本上消除了洞内发生火灾和爆炸的可能性;施工速度快,一个 1000000 m^3 的洞穴,2~3 年内就可溶造完毕,联邦德国的埃采尔地下盐岩库总容量为 12000000 m^3 ,从选点到全部建成投产只用了 6 年时间。由于上述这些优点,地下盐岩库储油被认为是至今为止最理想的储油方法,尤其适宜用作大型储备油库。

地下盐岩库存在的问题有:盐岩的分布地区与需要建库的位置不一定相符,因而在库址选择上受到自然条件的限制;地下情况复杂,要求有详细的地质勘察资料;为达到预期的形状和大小,必须掌握比较复杂的溶造技术;溶造洞穴所得到的大量盐水有时难以处理或排放。

二、在盐岩中溶造洞穴的方法

在盐岩中溶造洞穴主要有以下 5 种方法。

(一)逆流法和正流法

钻井、下套管固井之后,再在套管中放入一根井管,悬吊于井口,形成内外管双管系统。内管伸到离预定地下洞室底部 1.5~3m 处,通过套管与井管之间的环形通道向盐岩层注入淡水,被饱和后,盐水从内管向上返至地面。这种溶造方法称为逆流法,如图 1-18 所示。

正流法的井、套管布置与逆流法完全相同,只是水流方向不同。淡水

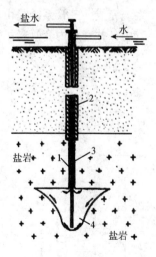

图 1-18　逆流法溶造盐岩洞穴
1—内管;2—水泥固井;
3—外管;4—溶解成的洞穴

从内管注入洞穴，被饱和的盐水从内外管之间的环形通道返回地面。

用逆流法或正流法溶造盐岩洞穴的优点是方法简便、节省钢材。缺点是所形成的倒锥形洞穴高度小，顶部直径大，不利于洞穴稳定。而且这两种方法的溶造速度慢，每小时只能溶出盐水 $10 \sim 15m^3$。鉴于这些缺点，逆流法和正流法很少直接使用，但它们是其他溶造方法的基础组成部分。

在美国，逆流法应用于上部有强度高而不渗露岩石覆盖的盐岩中。

(二) 自下而上逐级溶解法

为了克服逆流法和正流法的缺点，可采用不与盐岩起作用的非溶解物质(如空气、油品、液化气等)来控制洞穴的溶造过程。利用非溶解物质的隔离作用，使水对盐岩的溶解沿预定的方向进行。以便加快洞穴的溶造过程，获得比较稳定的洞穴结构。自下而上逐级溶解法就是这样一种溶造方法。

图 1-19 是自下而上逐级溶解法的示意图。洞穴溶造由三管系统完成。三管系统是由相互套装的井管、内套管和外套管组成。其中，井管和内套管悬吊于井口，可以上下移动，外套管端部伸至洞穴顶部的设计深度，并用固井水泥封固于井眼内。淡水从井管与内套管之间的环形通道输入洞穴，溶解盐岩。被饱和的盐水经井管上升返至地面。非溶解物质经内套管与外套管之间的环形通道输入洞穴顶部，用以控制洞穴的溶造过程及各个方向的溶解速度。

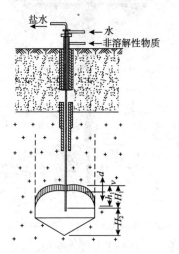

图 1-19　自下而上逐级溶解

这种溶造方法，由于洞顶始终与淡水接触，而且水向上的溶解盐岩比向下或向四周的溶解盐岩容易，因而洞穴溶造速度较高，每小时可溶解盐岩 $12 \sim 16m^3$，获得饱和盐水75～100m³。拱形洞顶稳定性好，不易发生洞顶塌落事故，因此这种方法适用于含非溶性杂质较多的盐岩，最多可允许杂质达30%。

（三）自上而下逐级溶解法

这种溶造洞穴方法所使用的管道系统与自下而上逐级溶解法基本相同。如图1-20所示。其中，井管伸至洞穴底的设计深度，外套管伸至洞穴顶的设计深度，内套管可以上下活动。溶造的第一阶段采用正流法溶造底槽，淡水由井管注入洞穴，盐水由井管与内套管的环形通道返回地面。在较短的时间内即可获得梨状底槽(20～30天就可达到3000m³或更大的容积)。溶造的第二阶段是构筑洞穴的主要阶段，采用逆流法，由设计顶部位置自上而下分级溶解。开始时，将内套管提升到图示Ⅰ的位置，淡水由井管

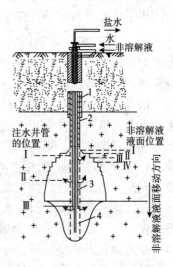

图1-20　自上而下逐级溶解法
1—外套管；2—内套管；
3—井管；4—盐水上升井管

和内套管之间的环形通道注入洞穴，饱和盐水由洞穴底部的井管返回地面，随着顶部窟窿的扩展，从内套管与外套管之间的环形通道压入非溶解物质，迫使水面下降，以保护已经溶造好的洞穴顶部，并控制溶造过程。注水用的内套管随着溶造过程的进行，逐级向下延伸，每次向下延伸3～4m，相应地，非溶解物质与水的界面也向下降落，每次下降2～3m。顶部窟窿不断向下扩展，洞穴容积不断增大，最后与梨状底槽汇合成完整的地下储油容器。所得的容器形状接近于椭球体，它有较高的强度和稳定性。如果用以控制溶造过程的非溶解物质就是日后要储存的油品，采用这种溶造方法就可以实现边施工边储存，随着

洞穴容积不断增大，储油量不断增加。这有利于尽早发挥盐岩油库的经济效益。

这种方法的缺点是当大块的非水溶性夹杂物坠落时，由于底槽已先行溶好，因此落差很大，容易砸坏井管。因此这种方法适用于含非水溶性杂质较少的盐岩层。

（四）双井冲刷法

利用双井冲刷法可以在盐岩中构筑大容积的地下容器。开始阶段用三管系统先在两个井的底部用逆流法冲刷出底槽，要求底槽有较大的直径，较小的高度，为此用非溶解性物质覆盖在水面上，以防底槽向顶部过快扩展。当两个底槽的直径不断扩大并相互接通后，抽走每口井的内套管，改用二管系统进行冲刷。将非溶解物质与水的界面升高 2~3m，从一个井的内管向井底注水，水从这口井的井底流向另一口的井底，并溶解盐岩，被盐逐渐饱和。饱和盐水从另一口井的内管（井管）返回地面，在两口井之间形成正流法冲刷过程。随着冲刷过程的进行，两口井之间盐岩逐步溶解，非溶解物质从注水井管逐步向盐水井管方向流动。当两口井之间的盐岩顶部全部被非溶解物质覆盖后，继续向井内注水时，返回地面的盐水的浓度将明显下降。这时可将液流方向反过来，原来的盐水井改为注水井，原来的注水井改为盐水井，同时将非溶解物质和水界面再上升 2~3m，开始下一级冲刷过程。这样逐级向上溶解，溶造的容积不断扩大。图 1-21 表示的是冲刷底槽的液体流向，上部虚线表示双井正流法逐级溶解的过程和最后形成的洞穴形状。

这种方法不仅可以溶造大容积洞穴，而且操作简便，耗电能少，生产效率高。但是，技术上的困难在于如何在开始阶段使两个底槽贯通。由于底槽高度都比较小，必须在打井和冲刷底槽的过程中严格控制，才能做到两个底槽在相同的高度上，使它们能贯通而联成一体。

（五）冲刷坑道形洞穴

在盐岩层比较薄且埋置较深，而且上下都有很好的不渗透

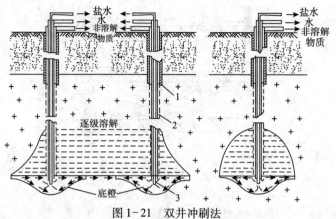

图 1-21 双井冲刷法

1—外套管；2—内套管；3—井管

岩层时，可以在盐岩层中构筑坑道形地下洞穴，用来储存液化气，有时可以溶解盐岩直达它的上下岩石覆盖层。为此，可采用打斜井的方法，井的下部沿盐岩层底部呈水平走向。与它愈贴近盐岩层底部时，愈能溶解出容积较大的洞穴。

在套管中套装注水井管，水从注水井管注入盐岩层，盐水从井管与套管间的环形通道排出。管应在盐岩层上部坚实的岩石覆盖层中固井。实际上这种冲刷方法是两管系统的正流法，但井管在盐岩中是水平走向。

水进入井底后，顺着水平方向运动，溶解盐岩并逐步被饱和。盐岩层顺水平方向被冲刷。开始时盐岩的溶解是围绕着井管进行的，然后逐步发展成锥形，如图 1-22 中的 Ⅰ-Ⅰ 视图的形状。注水井管按图中 8 的位置沿水平方向逐步缩短，盐岩被逐段溶解。

三、盐岩洞库(罐)的储油工艺流程

在日常操作中，从盐岩库提取油品的方法有 4 种。

(1)向地下容器中注入饱和盐水，利用盐水和油品密度的不同把油品压出地面；

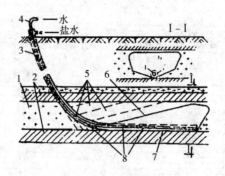

图1-22 坑道形洞穴的冲刷
1—盐岩层；2—不渗透岩石层；3—套管；4—注水井管；
5、6—逐段溶解所得的洞穴；7—注水井管在冲刷开始阶段的位置；
8—注水井管在逐段冲刷过程中的位置

(2)利用地面上的空气压缩机向地下容器输入压缩空气，将油品气举出地面；

(3)利用液化气的蒸气压力，把液化气从地下容器中举出；

(4)在地下容器中设置浸没式离心泵，把油品泵送至地面。

以上各种方法中，最常用的是盐水置换法。

图1-23是一种地下盐岩储油库的流程图。泵1用来把油品从铁路油罐车卸入缓冲储油容器中。泵1的特点是流量大、扬程低，以便在很短时间内把运抵油库的油罐列车卸空，然后利用泵2将油品压入地下储油容器。泵2的特点是扬程较高、流量较小。向地下储油容器灌注油品时，同流量的盐水被挤出，进至地面盐水储槽。需要向油罐列车装油时，利用泵3将饱和盐水从盐水储槽注入地下储油容器，油品被置换出来直接装车。泵3具有较大的流量和较低的扬程，盐水只要被送到井口就可以依靠它与油品的密度自流进入地下储油容器。

四、矿井洞库(罐)

采完矿后的洞穴，经过防渗处理，用来储存油品，称谓矿井洞库。这是国外对废矿井的充分利用而形成的油库。如：沙

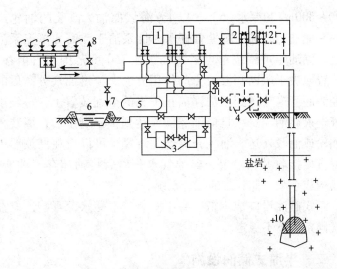

图 1-23 盐岩储油库工艺流程

1—铁路油罐车卸油泵；2—向盐岩洞穴灌注油品用的泵；3—向地下盐岩洞穴灌注盐水用的泵；4—向盐水储存槽输送盐水用的泵；5—缓冲储油容器；6—盐水储槽；7—备用收油管线；8—备用发油管线；9—铁路栈桥和装卸油鹤管；10—地下容器

特、南非等利用废弃的矿井储存柴油或原油。1969 年，南非就利用改造的煤矿坑道大量储存原油。

第七节 海上油库

海上油库是为适应海上开采而发展起来的，而且近年来一些国家为了减少陆上用地，增大石油储存能力，积极研究海上储油的问题。

海上储油设施大致可分为三种基本类型。

一、浮式储油设施

浮式储油设施主要以经过改装的油轮或油驳作为储油容器，其储油容积从几万 m^3 到几十万 m^3，特别适用于中等水深

（200～300m）和深水（500m 以上）海域储油。改装的油轮或油驳——储油船，利用刚性臂杆永久性系泊于浮筒式单点系泊装置上，储油船可围绕单点系泊装置在 360 度范围内自由移动，其位置取决于风向和波浪力的作用方向。经过油气分离后的原油经海底管道输送到系泊浮筒正下方的分配装置上，再经柔性油管送入储油船。一旦储油船满或达到预定高度后，即装入运输油轮或油驳外运。油气分离器等装置也可以设在储油船甲板上，直接接收井口产品，经油气水分离后将油储存于油舱中，从而构成了采、储、装的综合系统。

浮式储油设施成本低、易于安装、不受水深影响，但在恶劣气候条件下不稳定。

二、半潜式储油设施

这种储油设施一般是一个细长的立式储罐，其吃水线很低，靠锚缆或活动接头固定于海底，但并不与海底接触。典型的例子是 1968 年开始研制的，用于英国设得兰群岛布伦特（Brent）油田的 SPAR 型储油装置。SPAR 型储油装置是一长圆柱形直立浮式结构，该装置由三个筒状部分叠置而成，总高约 137m。最下段用来储存原油，高 93m，直径 29.3m；中段，高 32m，直径 17m，其中装有油泵等设备；最上段，高 12m，直径 26m，其中设有发电设备、控制装置和工人宿舍等。装置的底部距海底 21.3m，用六根锚缆固定，装置顶部高出海面 28m。在最上段顶部设有单点系泊装置和装油设施，以及直升机坪。该装置的储油容量 47700m³，收油量约为 16000m³/d，最大装船流量约为 5000t/h。半潜式储油设施即使在恶劣气候条件下也是比较稳定的。

三、固定式储油装置

固定式储油装置直接用锚桩固定于海底，罐体可以是全浸没式的，也可以部分露出水面。罐体材料可以是钢板，也可以是混凝土的，或二者兼而有之。储罐应设置在海床状况良好、地形平坦的海底，设计储罐基础前应进行钻探和土壤分析，以估算土壤的黏聚力、抗剪强度等力学性质，防止储罐定位后出现海床冲刷，甚至造洞现象。这种现象是由于在海流方向上储罐两端的压力差造成的，必要时，可采取抛石、筑截止墙等防范措施。在油罐形状和结构设计时，要充分考虑水深、海流、波浪、风暴的作用力，通常以百年一遇的特大风暴的水文参数作为设计依据。为减少波浪力的作用，其外形多设计成钟形或倒漏斗形。

储罐多在岸上建造，然后拖运到预定罐位处充水下沉。建罐工地可采用双船坞法或单船坞法，以利拖运。双船坞法是储罐在高于海面的干船坞建造，完工后移向低于海面的下水船坞，下水船坞注水后将储罐拖走。单船坞法是在岸边挖一基底低于海面的建造工地，排水，保持干燥。储罐建成后，船坞注水，将储罐拖走。

下面介绍几种国外采用的固定式储油装置。

(一) 带环形底盘的储罐

带环形底盘的储罐如图 1-24 所示，1967 年建于墨西哥湾。储罐底部是环形底盘，同时又是储油容器的一部分，称为下部油罐。环形底盘上有三根斜支柱，它们支撑着伸出海面的上部罐体。环形海底油罐的内直径 6.09m，外直径 45m，储油容积为 3656m³。水面上的球形顶底圆柱形油罐，直径 13.7m，容积 112m³。装置全高 75m，其中 1.5m 低于海底，34m 在水面以上。环形油罐用开口沉箱固定于砂质海底。

原油从邻近的生产平台上的油气分离器经管线输入上部油罐，罐内液面达到一定高度时，油品经油管 10 流入位于海底的环形海底油罐，并从环形油罐中挤出海水。连接上部和下部油罐的输油管装在两根斜柱内。向外发油时，用泵将海水压入环形海底油罐，油被挤入上部油罐，再从上部油罐经发油管向外输出油品。

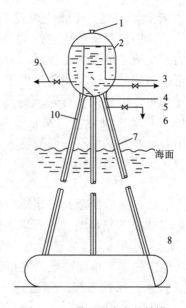

图 1-24 带环形底盘的储罐

1—通风孔帽；2—上部（水上）储罐；3—进油管；4、9—发油管；
5—海水进入管；6—海水排出管；7—斜支柱；8—环形底盘（即海底油罐）；
10—连接上、下油罐的输油管

整个油罐是在陆上建成后拖至海中，下沉到海底，并予固定。这种油罐经受住了飓风和 25m 高波浪作用的考验。

（二）倒盘形储罐

倒盘形储罐如图 1-25 所示，1969 年建于波斯湾迪拜近海。这种储罐由内、外两罐组成。内罐呈瓶状，下部为高 23.7m、直径 24m 的圆筒，底部用椭球形钢板封底，中部为高 9m 的截锥体，上部为高 30m、直径 9m 的圆筒体。下圆筒体上边缘附近的罐壁上，沿周边有若干进油孔与外罐相连。外罐，下部为高 9.3m，内径 76.2m 的圆筒体，侧壁由两层薄金属板构成，两金属板的间距为 1.2m，中间浇筑混凝土。沿外罐圆筒体周边有宽 1.85m 的混凝土凸缘，并用 30 根直径为 914mm 的锚桩穿过凸缘将储罐锚固于海底，桩深 30m。外罐圆柱体的上面为球面壳体，

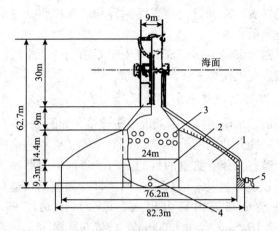

图 1-25　倒盘形水下储罐
1—外罐；2—内罐；3—进油孔；4—人孔；5—收发油管

内半径 59.4m，矢高 14.4m，与内罐下圆筒的上缘衔接。外罐的底部是开口的。内、外罐底缘用 24 根辐射状布置的钢管连接，以增强储罐的刚性。加强钢管的直径为 600mm，其中有一半（相间布置）开有纵向槽，以便在收发油作业时排出和吸入海水。整个储罐总高 62.7m，置于水深 48.9m 的海底。上部有 13.8m 露出水面。油罐总容积为 $8 \times 10^4 m^3$，罐体总质量 12700t。

　　储罐在岸边船坞中建造。安装完毕，封闭内罐人孔和进油孔，并将海水引入船坞，浮起油罐，拖运至指定海域，打开人孔和进油孔，向内罐充水，使油罐下沉就位。

　　油品收发作业采用油水置换原理，使罐内始终充满液体（油或水）。收、发油管与内罐相连。发油时利用设置在内罐的深井泵排出原油，海水经辐射管进入外罐，举升原油经进油孔充入内罐。内罐进油时，超容积油品经进油孔充入外罐，并将海水从外罐挤出。由于油罐截面积很大，收发油时油水界面的升降速度只有 0.3m/h，油水界面不会出现剧烈波动，因而不会造成油品乳化。油水界面可由专门的测量仪表测得，也可根据受力平衡原理从内罐上圆筒中油面高出海水的高度计算求得。

油罐内表面涂沥青，外表面涂锌和环氧树脂，并采用阴极保护防止钢板腐蚀。

油罐露出海面的圆筒部分可用于系泊油轮，也可利用它作为支柱建造海上操作平台。

（三）双圆筒混凝土水下油罐

这种油罐采用预应力钢筋混凝土建造，如图1-26所示。两个卧式圆筒体有共同的分界壁，每个壳体又被一些横向壁板分隔成几个舱室。分隔舱室的目的是为了当油罐向海底下沉时罐内水面不致过分晃动。油罐就位后，打开隔壁的连通口，使油或海水在整个圆筒内自由出入。每个罐的长度99.4m，宽31.7m，高16.5m，容积32000m³。放置在水深48m的海底。当需要加大储油容积时，可将几个油罐平行排列在一起，用输油管相互接通。

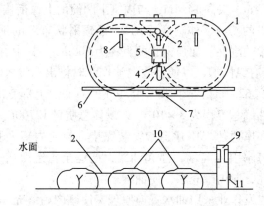

图1-26 双圆筒混凝土水下油罐

1—储油圆筒壳体；2—输油管；3—导管；4、7—阀；5—过滤器；
6—海水进出管；8—输油管支架；9—泵的操纵台；10—油罐；11—油泵

每个储罐的双圆筒壳体之间有上下两个小室。上面的小室中充油，下面的小室中充海水。从采油平台输送来的油，经输油管先进入上部小室，再经过滤器进入圆筒壳体，这样就降低了进入圆筒壳体时的油流速度，避免了油水界面的剧烈波动。

油进入储罐把海水置换出来，海水从下部小室经海水进出管排出。深井泵的操作平台露出海面。把海水泵入油罐就可把油从罐中挤压出来。如果油罐所处的海底较深，上部海水液柱较高时，可利用油柱和海水液柱的压差使海水自流进罐而把油挤压出来。

这种油罐的结构形式受力状态好，节省材料，稳定性能好。油罐是在岸上建好后拖运至预定地点下沉。

（四）带防波墙的立式钢筋混凝土水下油罐

此油罐的容积为 158000m³，1973 年建于北海埃柯费斯克（Ekofisk）油田水深 70m 处。油罐总高 90m，水面以上高度约 20m，罐的形状如图 1-27 所示。

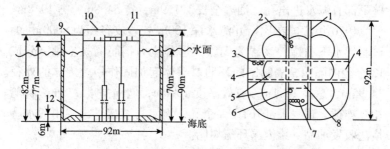

图 1-27　带防波墙的立式钢筋混凝土水下油罐

1—隔墙；2—进油孔；3—海水泵；4—过桥；5—带顶盖的储罐；6—吸入室；

7—装油泵；8—控制室；9—顶部甲板；10—泵和撇油箱甲板；

11—直升飞机起降平台；12—内底板

油罐底板长宽各 92m，底面呈皱纹形，以增加与海底的摩擦力。储罐被井字形隔墙分隔为 9 个舱，四周围绕着沉箱式多孔防波墙。防波墙高 82.5m，储罐的顶盖（甲板）高出防波墙 7.9m。多孔防波墙的作用是保护储罐免遭风浪冲击而破坏。海水可经墙孔穿过防波墙。储罐是预应力混凝土结构，始终充满油或水，因而重量大，稳定性好，不需要用桩栓固定。9 个储舱是相互连通的，油品由 4 台装油泵经吸入室内储舱吸出外运。海水泵装设在储罐和防波墙之间的环形空间内，海水进出入储罐均先经过罐顶甲板上的 3 个撇油箱。每个撇油箱的容积为 490m³，用来撇除海水中携带的油。储舱内装有管系，以便靠高压喷射水流搅动并清除罐底油泥。

（五）椭球抛物面形、钟形水下混凝土油罐

抛物面形或钟形水下油罐，罐体用预应力钢筋混凝土建造，无底，油罐直接置于海底。用油水置换法收发油品。

如 1969 年美国公布的水下椭球抛物面形混凝土油罐专利。该油罐容量为 47700m³。油罐壁的周面为椭球形，油罐有轻便的顶盖，全罐形成无底的椭球抛物面。罐和盖的内表面涂有环氧树脂或沥青涂层。为了支承顶盖，罐内建有横向和纵向隔舱壁，它将全罐分成几个舱室，舱壁上开孔，使各舱室相互连通。罐壁下部有海水进出孔。油罐全长 121.9m，宽 54.8m，高 19.8m。

1970 年法国在比斯开湾水深 100m 处建成容积为 8000m³ 的试验性水下油罐，该罐为无底钟形预应力钢筋混凝土罐，分成 12 个径向隔舱，隔舱壁的环肋对罐体起加固作用。罐体的外径 34.95m，总高 12.1m，有效高度 10.0m，储油高度 7.8m。各舱相互连通，罐身下部开有 12 个孔，海水可直接进出。用油水置换法收发油品。罐内涂环氧树脂。

预应力钢筋混凝土水下油罐具有坚固耐久、耐火、抗爆、耐磨等优点，而且具有抗疲劳破坏的性能，特别适用于风浪产生的周期性荷载条件下。预应力钢筋混凝土油罐便于做成各种形状，甚至具有双曲率表面的结构物，从而改善其受力状态。但是，预应力钢筋混凝土油罐的抗腐蚀性不稳定，在冲击载荷作用下易产生裂缝，而且周围海水交替性冰冻和解冻将会降低其耐久性。为了防止钢筋的腐蚀，可在油罐表面涂防腐涂料，建造油罐时混凝土要用淡水拌和，并尽量捣实。水下储罐不应采用铜、铝等非钢铁金属做零件，以免加剧电化学腐蚀。当混凝土中添加 6% 的空气吸收剂后，可以增加油罐在周围海水交替性冰冻和解冻条件下的耐久性。试验还证明，在搅拌混凝土的过程中采用单体，或将混凝土在单体（例如二甲基丙烯酸酯）中浸泡，使其发生聚合作用，形成的聚合体充满混凝土微粒的孔隙，可提高混凝土的不透水性和抗拉、抗压强度，同时也提高了它在周围海水交替冰冻和解冻条件下的耐磨性和耐久性。

（六）带浮顶的立式圆柱形海中储罐

利用地上浮顶油罐和储油原理，在浅海区建造无底立式浮顶油罐，采用油水置换法收发油，将可大量节省钢材，减少油品蒸发损耗。这种油罐多建在离海岸不远的浅海区、周围用防波堤围成的水池中。由于罐壁处于内、外压力平衡的工作条件下，因而可以用较薄的钢板制造罐壁，不仅可以节省钢材，而且不占用陆地，容量可以做得很大，甚至可达几十万米^3。由于油罐被包围在水池之中，即使发生操作事故或油罐破坏事故，只要防波堤不破坏，油就只能存留在池内，而不会污染海洋。这种油罐已在日本得到应用。

这种油罐的施工方法通常是，先在陆上挖的坑内组装油罐的浮顶和底圈，然后向坑内注水，以浮顶为操作台，从下向上组装。油罐建成后被漂浮到用防波堤隔成的海边水池中就位。

第二章　油罐设计提要与设计系列

第一节　立式固定顶圆筒形
油罐设计提要

油罐设计主要包括选择油罐类型，确定油罐容量、设计压力、设计温度，选择钢板材料、钢板厚度，选择油罐几何形状、几何尺寸，绘制罐顶、罐壁、罐底的排板形式图，对油罐进行抗风、抗震计算及油罐附件的设计等。

油罐建造费用占油库总投资的很大比例，因此油罐必须由专业人员设计。国内各设计院均有油罐系列设计，通常选择系列设计即可。

《立式圆筒形钢制焊接油罐设计规范》GB 50341—2014 的规定如下。

（一）油罐的设计压力

固定顶常压油罐的设计负压不应大于 0.25kPa，正压产生的举升力不应超过罐顶板及其所支撑附件的总重量；当符合本规范附录 A 的规定时，最大设计压力可提高到18kPa；当符合本规范附录 B 的规定时，最大设计负压可提高到 6.9kPa。浮顶油罐的设计压力应取常压。

（二）油罐的设计温度

（1）油罐的设计温度取值不应低于油罐在正常操作状态时罐壁板及受力元件可能达到的最高金属温度，不应高于油罐在正常操作状态时罐壁板及受力元件可能出现的最低金属温度。

（2）油罐的最高设计温度不应高于90℃。当符合本规范附录

C 的规定时，固定顶油罐的最高设计温度可提高到250℃。

（3）对于既无加热又无保温的油罐，油罐的最低设计温度应取建罐地区的最低日平均温度加13℃。

（三）抗震设计

（1）在抗震设防烈度为6度及以上地区建罐时，必须进行抗震设计。

（2）抗震设计应符合本规范附录D的规定。

（四）钢材选用

（1）钢材选用应综合考虑油罐的设计温度、介质腐蚀特性、材料使用部位、材料的化学成分及力学性能、焊接性能等，并应符合安全可靠和经济合理的原则。

（2）油罐所用钢材应采用氧气转炉或电炉冶炼，对于标准屈服强度下限值大于390MPa的低合金钢钢板，以及设计温度低于–20℃的低温钢板和低温钢锻件，还应当采用炉外精炼工艺。

（3）选用钢材和焊接材料的化学成分、力学性能和焊接性能应符合国家现行相关标准的规定。

第二节　国内钢制立式地面油罐设计系列

一、国内钢制立式圆筒形固定顶储罐系列

（一）中华人民共和国行业标准（HG 21502.1）系列

中华人民共和国行业标准（HG 21502.1）《钢制立式圆筒形固定顶储罐系列》，说明见表2-1，基本参数和尺寸见表2-2。

（二）中国石油集团某设计公司钢制拱顶储罐系列

中国石油集团某设计公司钢制拱顶储罐系列说明见表2-3。

二、国内钢制立式圆筒形内浮顶储罐系列(HG 21502.2)

中华人民共和国行业标准《钢制立式圆筒形内浮顶储罐系列》(HG 21502.2),说明见表2-6。系列基本参数和尺寸见表2-7。

三、国内钢制立式圆筒形外浮顶储罐系列

国内钢制立式圆筒形外浮顶储罐系列,见表2-8。

四、非商业某建筑规划设计研究院立式油罐系列

非商业某建筑规划设计研究院立式油罐系列见表2-9~表2-11。

表2-1 《钢制立式圆筒形固定顶储罐系列》(HG 21502.1)说明

项　目	内　容	
1. 用途	本标准储罐适用于储存石油、石油产品和化工产品	
2. 设计、制造遵循的规范	(1)SH 3046—92《石油化工立式圆筒形钢制焊接储罐设计规范》	
	(2)GBJ 50128—2014《立式圆筒形钢制焊接油罐施工规范》	
3. 设计参数	(1)设计压力:正压2000Pa,负压500Pa	
	(2)设计温度:-19~150℃	
	(3)焊接接头系数:0.9;	
	(4)储液密度:$\rho \leqslant 1000kg/m^3$	
	(5)腐蚀裕量:1mm	
	(6)设计载荷:基本风压500Pa,雪载荷450Pa,罐顶附加载荷:1200Pa	
	(7)抗震设防烈度:7度(近震)	
4. 材料选择	材料选择应根据建罐地区的最低日平均温度加13℃决定罐壁材料(Q235B;Q245R;Q345;Q345R)	
5. 结构形式	(1)罐顶结构	储罐为钢制立式圆筒形拱顶储罐
		公称容积≤1000m³ 的罐顶采用光面球壳拱顶
		公称容积>1000m³ 的罐顶采用带筋球壳拱顶
	(2)罐壁加强圈	公称容积<1000m³ 的罐壁不设加强圈
		公称容积≥1000m³ 的罐壁设置加强圈

表2-2 钢制立式圆筒形拱顶储罐系列基本参数和尺寸

序号	容积/m³ 公称	容积/m³ 计算	储罐内径 D_1/mm	高度/mm 壁高 h_1	高度/mm 顶高 h_2	高度/mm 总高 H	罐壁厚度/mm 底圈	2	3	4	5	6	7	8	9	10	11	12	顶板厚度/mm	底板厚度/mm 中幅板	底板厚度/mm 边缘板	主体材料	总质量/kg
1	100	110	5200	5200	554	5754	6	6	6	6									5.5	6	6	Q235B	6135
2	200	220	6550	6550	700	7250	6	6	6	6									5.5	6	6	Q235B	9760
3	300	330	7500	7500	805	8305	6	6	6	6	6								5.5	6	6	Q235B	12760
4	400	440	8250	8250	887	9137	6	6	6	6	6								5.5	6	6	Q235B	15290
5	500	550	8920	8920	972	9892	6	6	6	6	6	6							5.5	6	6	Q235B	17745
6	600	660	9500	9315	1023	10336	6	6	6	6	6	6							5.5	6	6	Q235B	21840
7	700	770	10200	9425	1112	10537	6	6	6	6	6	6	6						5.5	6	6	Q235B	23160
8	800	880	10500	10165	1132	11297	6	6	6	6	6	6	6						5.5	6	6	Q235B	25250
9	1000	1100	11500	10650	1241	11891	6	6	6	6	6	6	6						5.5	6	7	Q235B	30200
10	1500	1645	13500	11500	1468	12968	8	7	6	6	6	6	6	6					5.5	6	7	Q235B	40344
11	2000	2220	15780	11370	1721	13091	9	8	7	6	6	6	6						5.5	6	7	Q235B	52690
12	3000	3300	18900	11760	2049	13809	11	10	8	7	6	6	6						5.5	6	9	Q235B	76785
13	5000	5500	23700	12530	2573	15103	14	12	10	9	8	7	6	6					5.5	7	9	Q235B	121695
14	10000	11000	31000	14580	3368	17948	20	18	16	14	12	10	8	7	7				5.5	7	9	Q245R	232035
15	20000	23500	42000	17000	4546	21546	23	21	19	17	14	11	9	9	9	9			5.5	7	12	345R	473430
16	30000	31300	44000	20600	4788	25388	31	28	26	22	20	17	14	12	10	10	10	10	5.5	7	12	345R	642425

表2-3　中国石油集团某设计公司钢制拱顶储罐系列说明

项　目	内　容
1. 用途	(1)钢制拱顶储罐系列 $100 \sim 20000m^3$ 钢制拱顶储罐适用于储存原油、石油产品和水 (2)$100 \sim 10000m^3$ 钢制拱顶储罐适用于储存成品油等
2. 遵循的主要标准和规范	(1)GB 50341—2014《立式圆筒形钢制焊接油罐设计规范》 (2)GB 50128—2014《立式圆筒形钢制焊接储罐施工规范》 (3)GB 50205—2001《钢结构工程施工质量验收规范》 (4)HS 3046—1992《石油化工立式圆筒形钢制焊接储罐设计规范》
3. 基本参数	(1)设计压力：正压 2000Pa，负压 500Pa (2)设计温度：$-19 \sim 90℃$ (3)腐蚀裕量：罐顶 1.5mm，罐壁 1mm，罐底 1mm (4)焊接接头系数：0.9 (5)设计载荷：基本风压 0.6kPa，雪载 0.5kPa； (6)地震设防烈度：7 度 (7)储液密度：$\rho \leqslant 1000kg/m^3$ (8)风压高度变化系数：B 类
3. 罐体的结构形式	(1)罐壁的结构形式为：公称容积 $V < 1000m^3$ 的罐壁不设加强圈，公称容积 $V \geqslant 1000m^3$ 的罐壁设置加强圈 (2)罐底的结构形式为对 $100 \sim 1000m^3$ 储罐罐底采用不设环形边缘板结构形式，底板全部采用搭接。对 $2000 \sim 20000m^3$ 储罐罐底采用带弓形边缘板结构形式，中幅板采用搭接结构，弓形边缘板之间采用加强垫板的对接结构 (3)罐顶的结构形式为：公称容积 $V < 400m^3$ 的罐顶采用光面球壳拱顶。公称容积 $V \geqslant 400m^3$ 的罐顶采用带筋球壳拱顶。公称容积 $20000m^3$ 的罐顶采用子午线网壳结构
4. 钢制立式圆筒形拱顶储罐系列基本参数和尺寸	钢制拱顶储罐系列分钢制拱顶储罐和成品油库储罐系列。其结构简图见右图，基本参数和尺寸分别见表 2-4 和表 2-5 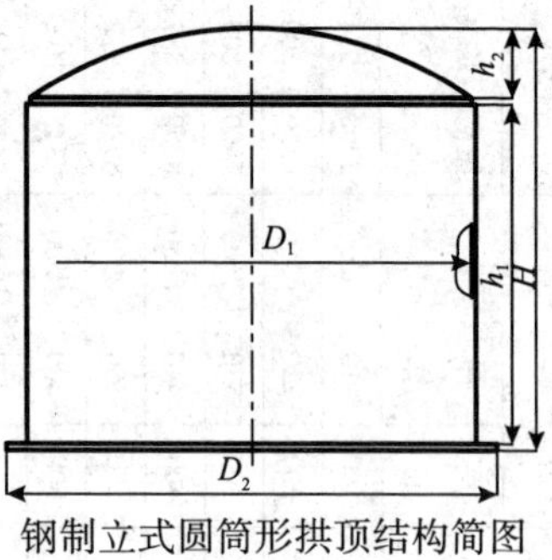 钢制立式圆筒形拱顶结构简图

表2-4 100～20000m³ 钢制拱顶储罐系列基本参数和尺寸

序号	容积/m³ 公称	容积/m³ 计算	储罐内径 D_1/mm	高度/mm 壁高 h_1	高度/mm 顶高 h_2	高度/mm 总高 H	罐壁厚度/mm 底圈	2	3	4	5	6	7	8	顶板厚度/mm	底板厚度/mm 中幅板	底板厚度/mm 边缘板	主体材料	总质量/kg
1	100	107	5140	5140	570	5725	6	6	6						6	7	7	Q235B	6340
2	200	211	6580	6220	727	6962	6	6	6						6	7	7	Q235B	9995
3	300	314	7710	6720	850	7585	6	6	6	6					6	7	7	Q235B	13040
4	500	519	8920	8300	982	9297	6	6	6	6					6	7	7	Q235B	18470
5	700	729	10200	8900	1122	10037	6	6	6	6	6				6	7	7	Q235B	23308
6	1000	1028	11500	9900	1264	11179	7	6	6	6	6	6			6	7	7	Q235B	30370
7	2000	2106	15700	10880	1719	12615	8	7	7	6	6	6			6	7	8	Q235B	51835
8	3000	3108	18900	11080	2068	13165	10	8	7	6	6	6			6	7	8	Q235B	72340
9	5000	5126	23640	11680	2585	14273	12	10	9	7	6	6	8		6	7	10	Q245R/	113895
10	10000	10196	31120	13460	3402	16884	12	12	10	10	8	8	8		6	7	10	Q235B	20156
11	20000	20396	40500	15840	4856	20706	18	16	14	12	10	8	8	8	6	7	10	Q345R	379030

表2-5　100~10000m³ 成品油库储罐系列基本参数和尺寸

序号	容积/m³ 公称	容积/m³ 计算	储罐内径 D_1/mm	高度/mm 壁高 h_1	高度/mm 顶高 h_2	高度/mm 总高 H	罐壁厚度/mm 底圈	2	3	4	5	6	7	8	顶板厚度/mm	底板厚度/mm 中幅板	底板厚度/mm 边缘板	主体材料	总质量/kg
1	100	110	5140	5340	570	5926	6	6	6						6	8	8	Q235B	6800
2	200	211	6580	6210	727	6963	6	6	6	6					6	8	8	Q235B	10500
3	300	332	7710	7120	850	7986	6	6	6	6					6	8	8	Q235B	13817
4	400	428	8250	8000	909	8925	6	6	6	6	6				6	8	8	Q235B	16743
5	500	554	8920	8900	980	9896	8	6	6	6	6				6	8	8	Q235B	20592
6	1000	1109	11500	10680	1264	11960	10	8	6	6	6	6			6	8	8	Q235B	35005
7	2000	2300	15700	11880	1722	13620	10	8	8	8	6	6			6	8	10	Q235B	61471
8	3000	3333	18900	11880	2071	13971	12	10	8	8	8	6			6	8	12	Q235B	86742
9	5000	5497	23700	12460	2594	15078	12	12	10	10	8	8	8		6	8	12	Q235B	132391
10	10000	11197	3000	15840	3279	19146	18	16	14	12	12	10	10	10	6	8	12	Q345R/ Q235B	251415

表 2-6 《钢制立式圆筒形内浮顶储罐系列》(HG 21502.2) 说明

项 目	内 容
1. 用途	本标准储罐适用于储存易挥发的石油、石油产品和化工产品
2. 设计、制造遵循的规范	(1) SH 3046—92《石油化工立式圆筒形钢制焊接储罐设计规范》 (2) GBJ 50128—2014《立式圆筒形钢制焊接油罐施工规范》
3. 设计参数	(1) 设计压力：0Pa (2) 设计温度：-19~80℃ (3) 储液密度：$\rho \leqslant 1000\text{kg/m}^3$ (4) 腐蚀裕量：1mm (5) 设计载荷：基本风压 500Pa，雪载荷 450Pa，罐顶附加载荷 700Pa (6) 抗震设防烈度：7 度 (近震)
4. 材料选择	材料选择应根据建罐地区的最低日平均温度加 13℃ 决定罐壁材料 (Q235A.F；Q235A；Q245R；Q345R)
5. 规格尺寸	(1) 公称容积：40~30000m^3 (2) 公称直径：$DN5200 \sim DN44000\text{mm}$
6. 罐体的结构	(1) 储罐为钢制立式圆筒形拱顶储罐 (2) 罐顶结构 公称容积 ≤1000m^3 的罐顶采用光面球壳拱顶 公称容积 >1000m^3 的罐顶采用带筋球壳拱顶 (3) 罐壁加强圈 公称容积 <1000m^3 的罐壁不设加强圈 公称容积 ≥1000m^3 的罐壁设置加强圈
7. 内浮顶的结构	(1) 两种浮盘结构型式 公称容积 $V<10000\text{m}^3$ 的储罐采用浅盘式 公称容积 $V\geqslant10000\text{m}^3$ 的储罐采用船舱式 (2) 两种密封结构型式 公称容积 $V<10000\text{m}^3$ 的储罐采用填料式 公称容积 $V\geqslant10000\text{m}^3$ 的储罐采用舌形密封 (3) 内浮顶的支撑高度 本标准内浮顶设置操作和检修两种支撑高度，操作高度为 900mm，检修高度为 1800mm (4) 导向机构 (防转装置) 本标准浮盘的导向装置采用滑动导向装置

表 2-7 100~30000m³ 内浮顶储罐系列基本参数和尺寸

序号	公称容积/m³	计算容积/m³	储罐内径 D_1/mm	壁高 h_1/mm	顶高 h_2/mm	总高 H/mm	底圈	2	3	4	5	6	7	8	9	10	11	12	顶板厚度/mm	中幅板	边缘板	浮盘厚度/mm	主体材料	总质量/kg
1	100	110	4500	7850	447	8327	6	6	6	6	6								5.5	6	6	5		8170
2	200	220	5500	10260	587	10847	6	6	6	6	6	6							5.5	6	6	5		12620
3	300	320	6500	10650	695	11345	6	6	6	6	6	6							5.5	6	6	5		15980
4	400	430	7500	10650	805	11455	6	6	6	6	6	6							5.5	6	6	5	235A. F	19280
5	500	530	8200	11000	881	11881	6	6	6	6	6	6	6						5.5	6	6	5		22220
6	600	635	9000	11000	969	11969	6	6	6	6	6	6	6						5.5	6	6	5		25835
7	700	764	9200	12500	991	13491	6	6	6	6	6	6							5.5	6	6	5		28720
8	800	864	10000	12000	1078	13078	7	6	6	6	6	6	6						5.5	6	6	5		31925
9	1000	1140	11500	12000	1254	13254	8	7	6	6	6	6	6	6					5.5	6	6	5		39430
10	1500	1650	13000	13500	1405	14905	9	8	7	6	6	6	6	6	6				5.5	7	6	5		51425
11	2000	2186	14500	14350	1569	15919	11	10	9	8	7	6	6	6	6	6			5.5	7	6	5	Q235A	60950
12	3000	3360	1700	15850	1841	17691	13	12	11	9	8	7	6	6	6	6			5.5	7	9	5		89485
13	5000	5360	21000	16500	2278	18776	16	17	15	13	11	9	7	6	6	6			5.5	7	9	5		134435
14	10000	10700	33000	16500	3260	19760	20	18	16	14	12	10	8	6	6	6	6		5.5	7	10	5	Q245R	286520
15	20000	22400	42000	17500	4546	22046	28	25	22	20	18	16	13	8	8	8	8	9	5.5	7	12	5	Q345R	510885
16	30000	31300	44000	22000	4788	26788	28	25	22	20	18	16	13	11	9	9	9	9	5.5	7	12	5		690270

表2-8 国内钢制立式圆筒形外浮顶油罐技术数据

结构形式	公称容积/m³	油罐尺寸/mm			计算容积/m³	罐壁厚度/mm												罐底厚度/mm		罐顶厚度/mm		
		内径 D	高度 H₁	高度 H		底圈	第二圈	第三圈	第四圈	第五圈	第六圈	第七圈	第八圈	第九圈	第十圈	第十一圈	顶圈	底板	边缘板	船舱底板	船舱顶板	单盘顶板
浮盘式	1000	12180	9563	11563	1080	6	6	6	6	6								6	6	4.5	4.5	
	3000	16240	14322	16322	2940	10	9	8	7	6	6	6					6	6	8	4.5	4.5	
	5000	22272	14313	16313	5380	14	12	10	9	8	6	6	6				6	6	9	4.5	4.5	
	5000	22272	14313	16313	5380	10	10	9	8	6	6	6	6				6	6	9	4.5	4.5	
浮顶式	10000	28422	15895	17935	9957	18	16	14	12	10	9	8	6	6			6	6	9	6	4.5	6
	20000	40632	15895	17895	20400	24	22	20	18	16	12	10	8	8			8	6	9	6	4.5	6
	20000	40632	15895	17895	20400	22	20	18	16	14	12	10	8	8			8	6	9	6	4.5	6
	30000	44660	19071	21071	29400	24	22	20	18	16	14	12	10	9	9	8	8	6	12	6	4.5	6
	30000	44660	19071	21071	29400	36	32	30	28	24	20	16	14	12	9	8	8	6	12	6	4.5	6
	50000	58920	19071	21071	51988	30	28	25	21	30	18	16	12	10	8	8	8	6	12	6	4.5	6

表2-9 地上立式拱顶油罐系列

名义容积/m³		100	300	500	1000	2000	3000	3500	5000	10000
实际容积/m³		110	314	573	1072	2178	3155	3664	5195	10603
几何尺寸/mm	直径	5400	7300	9000	11400	15200	17000	18000	21000	30000
	壁高	4800	7500	9000	10500	12000	13900	14400	15000	15000
	拱高	723	978	1206	1528	2037	2278	2412	2814	4020
	总高	5524	8478	10206	12028	14037	16178	16812	17814	19020
钢板总重/t		6.632	12.121	17.563	23.673	45.388	69.586	80.229	104.958	198.074
单位容积耗钢量/(kg/m³)		66.32	40.40	35.13	23.67	22.69	23.19	22.92	20.99	19.81

表2-10 半地下立式拱顶油罐系列

名义容积/m³		1000	2000	3000	3500	5000
实际容积/m³		1072	2178	3130	3629	5226
几何尺寸/mm	直径	11400	15200	18000	19000	22800
	壁高	10500	12000	12300	12800	12800
	拱高	1528	2037	2412	2546	3055
	总高	12028	14037	14712	15346	15855
钢板总重/t		28.378	48.509	70.379	79.592	106.821
单位容积耗钢量/(kg/m³)		28.38	24.25	23.46	22.74	21.36

表2-11 立式内浮顶油罐系列

名义容积/m³		500	1000	2000	3000	3500	5000	10000
实际容积/m³		535	1040	2141	3178	3664	5195	10603
几何尺寸/mm	直径	8900	11400	15200	17000	18000	21000	30000
	壁高	9600	11200	12800	15000	15400	16000	16000
	拱高	1193	1528	2037	2278	2412	2814	4020
	总高	10793	12728	14837	17278	17812	18814	20020
钢板总重/t		17.967	29.389	50.183	68.161	82.227	108.324	205.884
单位容积耗钢量/(kg/m³)		35.93	29.39	25.09	22.72	23.49	21.67	20.59

第三节 国内几种特殊油罐的技术数据

一、球形油罐主要技术数据

GB/T 17261—2011《钢制球形储罐型式与基本数据》中球罐主要分桔瓣式和混合式两种结构型式。公称压力一般分0.79MPa、1.57MPa、1.77MPa、2.16MPa四种。

50~10000m³桔瓣式球罐的基本数据见表2-12,1000~25000m³混合式球罐的基本数据见表2-13。

表2-12 50~10000m³桔瓣式球罐的基本数据

序号	公称容积/m³	几何容积/m³	球罐内直径或球罐基础中心直径/mm
1	50	51	4600
2	120	119	6100
3	200	187	7100
4	400	408	9200
5	650	641	10700
6	1000	974	12300
7	1500	1499	14200
8	2000	2026	15700
9	3000	3054	18000
10	4000	4003	19700
11	5000	4989	21200
12	6000	6044	22600
13	8000	7986	24800
14	10000	10079	26800

注:计算容积为近似值。

表2-13 1000~25000m³混合式球罐的基本数据

序号	公称容积/m³	几何容积/m³	球罐内直径或球罐基础中心直径/mm
1	1000	974	12300
2	1500	1499	14200
3	2000	2026	15700

序号	公称容积/m³	几何容积/m³	球罐内直径或球罐基础中心直径/mm
4	3000	3054	18000
5	4000	4003	19700
6	5000	4989	21200
7	6000	6044	22600
8	8000	7986	24800
9	10000	10079	26800
10	12000	11994	28400
11	15000	15002	30600
12	18000	17974	32500
13	20000	20040	33700
14	23000	23032	35300
15	25000	25045	35300

注：计算容积为近似值。

二、滴状油罐主要技术数据

滴状油罐主要技术数据见表2-14。

表2-14　滴状油罐主要技术数据

指　　标	油罐容量/m³						
	400	800	1600	2000	3200	4000	4000
工作压力/MPa	0.1	0.1	0.1	0.04	0.1	0.04	0.1
直径/m	9.93	12.16	16.15	18.45	20.32	22.97	22.97
高度/m	7.7	9.91	12.01	9.94	14.63	14.26	14.30
罐板厚度/mm	5~8	5~10	6~12	4~6	7~14	6~8	7~18

三、软体油罐主要技术数据

软体油罐主要技术数据，见表2-15。

表2-15　软体油罐主要技术数据

项　　目	油罐规格/m³		
	5	25	50
最大容量/m³	5	25	50
空罐外形尺寸：（长×宽）/mm	3900×2700	9000×3750	13000×5000

项　目	油罐规格/m³		
	5	25	50
装满油后外形尺寸: (长×宽×高)/mm	3800×2500×700	9000×3400×1000	13000×4700×1000
空罐质量(不含 附件)/kg	55	120	215
包装箱外形尺寸 (长×宽×高)/mm	860×730×650	1100×860×650	1400×1100×720
包装后总质量/kg	110	180	280
解放牌载重汽车 装空罐数/个	36	24	12

注:5m³软体油罐在寒、热区装油试验,在气温-42℃时仍可正常使用;在气温
-35℃以下时,罐壁变硬,空罐折迭较困难,折迭后比常温下体积增大一倍;
在气温+42℃时,经日晒后,罐壁表面温度到+75℃,可正常使用。

第四节　国外金属立式油罐的
主要技术参数

一、中国石油集团某设计公司设计的国外金属立式油罐系列

该系列适用于储存原油、成品油和污水处理系统中的处理罐。系列采用两种板宽设计,100~30000m³钢制拱顶储罐设计板宽为2000mm,100~1000m³钢制拱顶储罐设计板宽为1800mm。

1. 设计标准

API 650《钢制焊接石油储罐》。

2. 设计参数

设计压力:正压2000Pa,负压500Pa;

设计温度:93℃;

设计风速(3s阵风):45m/s;

地震区：2B；

腐蚀裕量：罐顶 2.0mm，罐壁 2.0mm，罐底 2.0mm；

焊接接头系数：1；

设计操作密度：$\rho \leqslant 860 \mathrm{kg/m^3}$。

3. 罐体的结构形式

罐壁的结构形式为公称容积 $V < 3000 \mathrm{m^3}$ 的罐壁不设加强圈，公称容积 $V \geqslant 3000 \mathrm{m^3}$ 的罐壁设置有加强圈。

罐底的结构形式为 $100 \sim 1000 \mathrm{m^3}$ 罐底采用不设环形边缘板结构形式，底板全部采用搭接。$2000 \sim 30000 \mathrm{m^3}$ 储罐罐底采用带弓形边缘板结构形式，中幅板采用搭接结构，弓形边缘板之间采用加强垫板的对接结构。

罐顶的结构形式为公称容积 $V < 800 \mathrm{m^3}$ 的罐顶采用光面球壳拱顶。公称容积 $V \geqslant 800 \mathrm{m^3}$ 的罐顶采用带筋球壳拱顶。公称容积 $V \geqslant 20000 \mathrm{m^3}$ 的罐顶采用网壳顶结构形式。

4. 钢制拱顶储罐系列基本参数和尺寸

钢制拱顶储罐系列结构简图见图 2-1。$100 \sim 30000 \mathrm{m^3}$ 2000mm 板宽的钢制拱顶储罐系列基本参数和尺寸见表 2-16，$100 \sim 1000 \mathrm{m^3}$ 1800 板宽的钢制拱顶储罐系列基本参数和尺寸，见表 2-17。

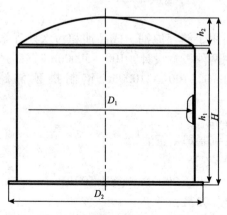

图 2-1　钢制拱顶储罐结构简图

表2-16　100~30000m³　2000mm 板宽的钢制拱顶储系列基本参数和尺寸

序号	容积/m³		储罐内径 D_1/mm	高度/mm			罐壁厚度/mm										顶板厚度/mm	底板厚度/mm		主体材料	总质量/kg
	公称	计算		壁高 h_1	顶高 h_2	总高 H	底圈	2	3	4	5	6	7	8	9	10		中幅板	边缘板		
1	100	126	5200	5940	578	6536	6	6	6								7	8	8	A36	7036
2	200	252	6800	6940	727	7701	6	6	6	6							7	8	8	A36	11816
3	300	369	7700	7920	851	8789	6	6	6	6							7	8	8	A36	15670
4	400	470	8300	8910	916	9844	6	6	6	6	6						7	8	8	A36	18071
5	500	615	8900	9900	982	10900	8	8	8	8	8						7	8	8	A36	25791
6	800	942	10500	10890	1159	12067	8	8	8	8	8						7	8		A36	35500
7	1000	1131	11500	10890	1266	12174	8	8	8	8	8						7	8	8	A36	36923
8	2000	2244	14900	11870	1637	14527	10	8	8	8	8	8					7	8	10	A36	64660
9	3000	3333	18900	11880	2073	13973	10	8	8	8	8	8					7	8	10	A36	88200
10	5000	5673	23700	12460	2594	15476	12	10	10	8	8	8	8				7	8	12	A36	132463
11	8000	8935	26800	15840	2935	18797	14	12	10	10	10	8	8	8			7	8	12	A36	181573
12	10000	11197	30000	15840	3279	19146	14	12	12	12	10	8	8	8			7	8	12	A36	236323
13	20000	22393	40000	17820	5359	23203	22	20	18	16	14	14	12	10	10		5	8	14	A516Gr70/A36	429500
14	30000	32905	46000	19800	6908	26733	24	22	20	18	16	14	12	10	10	10	5	8	14	A36	561218

表 2-17　100~1000 m³　1800mm 板宽的钢制拱顶储罐系列基本参数和尺寸

序号	容积/m³ 公称	容积/m³ 计算	储罐内径 D_1/mm	高度/mm 壁高 h_1	高度/mm 顶高 h_2	高度/mm 总高 H	罐壁厚度/mm 底圈	罐壁厚度/mm 2	罐壁厚度/mm 3	罐壁厚度/mm 4	罐壁厚度/mm 5	罐壁厚度/mm 6	罐壁厚度/mm 7	顶板厚度/mm	底板厚度/mm 中幅板	底板厚度/mm 边缘板	主体材料	总质量/kg
1	100	126	5200	6230	578	6818	6	6	6	6				7	8	8	A36	7653
2	200	252	6800	7120	727	7891	6	6	6	6				7	8	8	A36	11997
3	300	369	7700	8010	851	8879	6	6	6	6	6			7	8	8	A36	15300
4	400	470	8300	8900	916	9824	6	6	6	6	6			7	8	8	A36	17167
5	500	615	8900	9790	982	10790	8	6	6	6	6	6		7	8	8	A36	20516
6	800	942	10500	10680	1160	11858	8	8	8	6	6	6		7	8		A36	30712
7	1000	1131	11500	11570	1266	12854	8	8	8	8	8	6	6	7	8	8	A36	38899

二、美国 API 650 油罐主要技术数据

美国 API 650 油罐主要技术数据见表 2-18。

表 2-18　美国 API 650 油罐主要技术数据

油罐容量/m³		490	1070	2170	4320	12000	19300	34000	51200
直径/m		9.15	12.20	15.20	18.3	30.5	36.60	48.80	67.00
高度/m		7.30	9.15	12.80	16.5	16.5	18.30	18.30	14.60
罐壁厚度/mm	1	4.8	4.8	6.4	6.4	6.4	7.9	7.9	9.5
	2	4.8	4.8	6.4	6.4	6.4	7.9	7.9	9.5
	3	4.8	4.8	6.4	6.4	6.4	7.9	10.2	14.0
	4	4.8	4.8	6.4	6.4	8.8	10.2	13.7	18.8
	5		4.8	6.6	6.6	10.9	13.0	17.3	24.0
	6			7.7	7.9	13.0	15.8	20.8	28.8
	7			9.2	15.2	18.3	24.4	33.7	
	8				10.4	17.6	21.2	28.0	
	9					20.0	23.8	31.61	
	10						26.2	35.20	

注：美国所用的钢板宽度为 1.83m。

三、日本 JIS B8501 油罐主要技术数据

日本 JIS B8501 油罐主要技术数据见表 2-19。

表 2-19　日本 JIS B8501 油罐主要技术数据

油罐容量/m³		540	940	2290	5800	10100	15700	28460	40000	48483
直径/m		8.71	11.64	15.50	23.24	29.04	34.87	46.49	55.21	58.12
高度/m		9.14	10.66	12.18	13.70	15.22	16.74	16.74	16.74	18.26
罐壁厚度/mm	1	4.5	4.5	4.5	6.0	6.0	6.0	8.0	8.0	8.0
	2	4.5	4.5	4.5	6.0	6.0	6.0	8.0	8.0	8.0
	3	4.5	4.5	4.5	6.0	6.0	8.0	8.0	9.0	9.0
	4	4.5	4.5	4.5	6.0	8.0	9.0	11.0	13.0	13.0
	5	4.5	4.5	6.0	8.0	9.0	11.0	14.0	16.0	16.0

油罐容量/m³		540	940	2290	5800	10100	15700	28460	40000	48483
罐壁厚度/mm	6		4.5	6.0	9.0	11.0	13.0	17.0	19.0	19.0
	7		6.0	8.0	10.0	13.0	15.0	20.0	22.0	22.0
	8			8.0	12.0	14.0	17.0	23.0	25.0	25.0
	9				13.0	16.0	19.0	25.0	29.0	29.0
	10					18.0	22.0	28.0	32.0	32.0
	11							31.0	35.0	35.0
	12									38.0

注：（1）油罐直径 $D \leqslant 11\text{m}$ 时，采用 1524mm×3048mm 规格的钢板；

（2）$18 \geqslant D > 11\text{m}$ 时，采用 1524mm×6096mm 规格的钢板；

（3）$58 \geqslant D > 18\text{m}$ 时，采用 1829mm×9144mm 规格的钢板；

（4）$D > 58\text{m}$ 时，采用 2438mm×9144mm 规格的钢板。

四、英国 BS 2654 油罐主要技术数据

英国 BS 2654 油罐主要技术数据见表 2-20。

表 2-20 英国 BS 2654 油罐主要技术数据

油罐容量/m³		549	1104	2120	5026	11309	16285	25446	42411
直径/m		10.0	12.5	15.0	20.0	30.3	36.0	45.0	60.0
高度/m		7.0	9.0	12.0	16.0	16.0	16.0	16.0	15.0
罐壁厚度/mm	1	5	5	6	6	6	6	8	8
	2	5	5	6	6	6	6	8	8
	3	5	5	6	6	6	7	9	13
	4	5	5	6	6	8	10	12	17
	5	5	5	6	7	10	12	15	21
	6	5	5	6	8	13	15	19	25
	7			7	10	15	17	22	30
	8			8	11	17	19	25	35
	9				13	19	22	28	
	10						25	31	

注：油罐直径 $D \leqslant 12\text{m}$ 时，采用 4800mm×1520mm 规格的钢板；$D > 12\text{m}$ 时，采用 7700mm×1830mm 规格的钢板。

五、原苏联油罐主要技术数据

原苏联油罐主要技术数据见表2-21。

表 2-21 原苏联油罐主要技术数据

油罐容量/m³		421	1056	2135	4832	10950	19500
直径/m		8.53	12.33	15.18	22.79	34.20	45.64
高度/m		7.38	8.85	11.31	11.83	11.92	11.92
罐壁厚度/mm	1	4	4	4	5	6	10
	2	4	4	4	5	6	10
	3	4	4	4	5	6	10
	4	4	4	4	5	7	10
	5	4	4	5	6	9	10
	6		5	6	7	11	10
	7			7	8	12	12
	8				10	14	14

第三章 金属立式油罐的结构

第一节 金属立式固定顶油罐的结构

一、油罐底板的结构

立式金属油罐的底板虽然受到罐内油品压力和油罐基础支撑力，但所受的合力为零，从这一情况看，底板只起密闭和连接作用，可以很薄。但是，由于底板的外表面与基础接触，受土壤腐蚀严重；底板内表面接触油品受沉积水和杂质的腐蚀，再加上底板不易检查维护，所以应有足够的腐蚀余量，且有最小板厚的限制。GB 50341—2014 规定的罐底板最小板厚见表3-1。

表3-1　罐底板最小厚度　　　　　　　　mm

罐底板最小厚度		罐底边缘板最小厚度		
油罐内径 D/m	罐底板最小厚度	底圈壁板名义厚度	底圈壁板标准屈服强度下限值	
			≤390MPa	>390MPa
$D \leqslant 10$	5	≤6	6	—
		7~10	7	—
		11~20	9	—
		21~25	11	12
$D > 10$	6	26~30	12	16
		31~34	14	18
		35~39	16	20
		≥40	—	21

油罐底板的结构有两种形式，一种是油罐内径小于12.5m时，罐底可不设环形边缘板的底板；油罐内径大于或等于

12.5m 时，罐底宜设环形边缘板的底板，如图 3-1 所示。

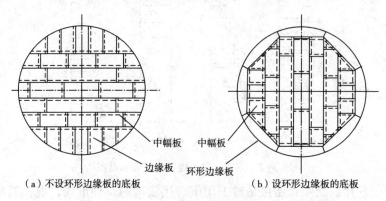

（a）不设环形边缘板的底板　　　　　（b）设环形边缘板的底板

图 3-1　油罐底板结构示意图

油罐底板的设置根据油品质量要求分为锥形和倒锥形两种，一般成品油多采用锥形底板，航空燃料油多采用倒锥形底板，从底板中心引出排污管。

二、油罐壁板的结构

壁板是油罐主要受力部件，在液体的作用下承受环向应力。液体压力随液面的高度增加而增大，因此在等应力原则下确定罐壁厚度为上小下大。罐壁厚度应经计算确定，GB 50341—2014 中规定，罐壁板的最小名义厚度应符合表 3-2 的规定。

表 3-2　罐壁板的最小名义厚度

序号	油罐内径 D/m	罐壁板的最小名义厚度/mm
1	$D < 15$	5
2	$15 \leqslant D < 36$	6
3	$36 \leqslant D \leqslant 60$	8
4	$60 < D \leqslant 75$	10
5	$D > 75$	12

罐壁的竖直焊缝一般都采用对接，环焊缝根据使用要求可采用搭接，也可采用对接。壁板上下之间连接方式分为交互式、套筒式、对接式、混合式四种，如图 3-2 所示。

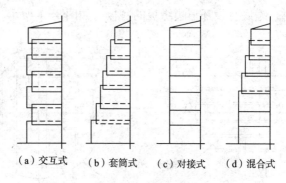

(a) 交互式　（b) 套筒式　（c) 对接式　（d) 混合式

图3-2　立式金属油罐壁板配置示意图

壁板交互式连接是过去用于铆接油罐的一种形式，现在基本不再使用。

壁板套筒式连接是把上层壁板插入下层壁板里面，环向焊缝采用搭接，壁板直径至下而上逐渐减小。套筒式施工方便，焊接容易保证质量，但因罐径每圈不尽相同，所以现行规范不再采用。

壁板对接式连接是上下壁板之间环焊缝采用对接的方法，油罐直径上下一致，现在广泛采用。特别是浮顶油罐，它可保证浮顶上下运动时具有相同的密封间隙。

壁板混合式连接是下面几圈壁板采用对接方法连接，上面采用套筒式连接。混合式主要用于大型油罐。因下面几圈的壁板较厚，用搭接方法不易保证施工质量。这种连接方法已经很少使用。

三、油罐顶板的结构

拱顶油罐的罐顶为球缺形，球缺半径一般取油罐直径的0.8～1.2倍。拱顶结构简单，便于备料和施工，顶板厚度不应小于5mm。当油罐直径大于15m时，为了增强拱顶的稳定性，拱顶要加设筋板。拱顶本身是承重构件，要有较大的刚性，能承受较高的内压，有利于降低油品蒸发损耗。一般的拱顶油罐内压可承受2kPa，最大可达18kPa；拱顶承受的外压（负比）为

0.25kPa。拱顶油罐最大经济容量为 10000m³，因此不推荐建造 10000m³ 以上的拱顶油罐。

按照结构形式，拱顶分为球形拱顶和准球形拱顶两种。

(一)球形拱顶

球形拱顶的截面为单圆弧拱，如图 3-3 所示。它由罐顶中心板、扇形顶板和加强环(包边角钢)组成。扇形顶板设计成偶数，相互搭接，搭接宽度不应小于 5 倍钢板厚度，且不小于 25mm。实际上多采用 40mm。罐顶板与包边角钢之间的连接只在顶板外侧采用边连续焊，内侧严禁焊接，其原因是当火灾发生时可将罐顶掀开(掉)。罐顶中心板与各扇形顶板之间采用搭接，搭接宽度一般为 50mm；加强环(包边角钢)用于连接顶板与壁板，并承受水平推力，预防产生较大压力而破坏油罐。

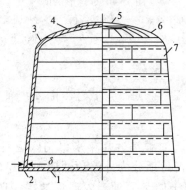

图 3-3　球形拱顶

1—罐底中幅板；2—罐底边缘板；3—罐顶圆弧形板；
4、6—扇形顶板；5—中心顶板；7—罐壁板

球形拱顶油罐装油高度只能到加强环处，拱顶内部不应装油。这种罐顶结构简单，施工方便，使用广泛。

(二)准球形拱顶

准球形拱顶的截面呈三弧拱，顶板中间是曲率半径为油罐直径的 0.8~1.2 倍大圆弧板，与壁板连接的顶板曲率半径是大

圆弧板曲率半径的 0.1 倍，罐顶中心板是一个圆弧，如图 3-4 所示。这种结构形式的拱顶罐受力较好，承压能力较高，装油高度可到拱顶的 2/3 处，但由于施工困难，实际上很少使用。

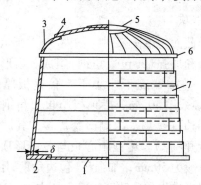

图 3-4 准球形拱顶

1—罐底中幅板；2—罐底边缘板；3—罐顶圆弧形板；
4—扇形顶板；5—中心顶板；6—加强环板；7—罐壁板

第二节 金属立式浮顶油罐的结构

立式浮顶金属油罐是近几年来得到广泛使用的一种油罐，根据油罐外壳是否封顶分为外浮顶油罐和内浮顶油罐两种。外浮顶油罐通常用于储存原油，内浮顶油罐一般用于储存轻质油品。

浮顶油罐的基础、底板、壁板与拱顶油罐大同小异，主要区别是增加了一个浮顶，其结构和操作使用比拱顶油罐复杂。

浮顶是一个覆盖在油面上并随油面升降的盘状物。由于浮顶与油面间几乎不存在气体空间，可以极大地减少油品的蒸发损耗，减少油气对人身的危害，减少油气对大气的污染，减少油气发生火灾的危险性。同时，浮顶油罐也可减缓油品的质量变化。浮顶油罐广泛使用于原油、汽油等易挥发性油品。这种结构的油罐投入较大，但从减少的油品损耗中可得到补偿，经济效益可观。

一、外浮顶油罐的结构

外浮顶油罐的结构如图3-5所示。其上部是敞口的，不再另设顶盖，浮顶的顶板直接与大气接触。从油罐结构设计的角度来看，外浮顶油罐不同于其他油罐的特点是如何解决好风载作用下罐壁的失稳问题。为了增加罐壁的刚度，除了在壁板上边缘设包边角钢外，在距离壁板上边缘下约1m处还要设置抗风圈。抗风圈是由钢板和型钢拼装的组合断面结构，其外形可以是圆的，也可以是多边形的。对于大型油罐，其抗风圈下面的罐壁还要设置一圈或数圈加强环，以防抗风圈下面的罐壁失稳。

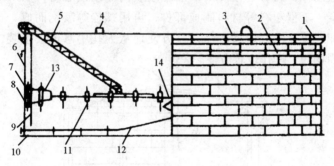

图3-5　外浮顶油罐结构示意图

1—抗风圈；2—加强圈；3—包边角钢；4—泡沫挡板；5—转动扶梯；
6—罐壁；7—管式密封；8—刮蜡板；9—量油管；10—底板；
11—浮立柱；12—排水折管；13—浮舱；14—单盘板

外浮顶油罐不仅可以降低油品蒸发损耗，而且特别适宜建造大容积储罐。我国目前最大的外浮顶油罐为150000m³。建造大容积储罐，不仅可以节省单位储油容积的钢材耗量和建设投资，而且可以减少罐区的占地面积，节省油罐附件和罐区管网。但是，由于外浮顶面直接暴露于大气中，储存的油品容易被雨雪、灰尘等污染，所以外浮顶油罐多用来储存原油，用于储存成品油的较少。我国设计的外浮顶油罐的主要结构参数列于表 2-8。表2-8 仅列出了 50000m³ 以下的罐。随着需求的不断扩大，设计的储罐也越来越大型化，目前国内已有 $10 \times 10^4 m^3$、$12.5 \times 10^4 m^3$、$15 \times 10^4 m^3$ 的大型外浮顶储罐，均已应用于储备库、大型油库等工程中。

二、内浮顶油罐的结构

内浮顶油罐是在拱顶油罐内设置浮顶而成，如图3-6所示。由于有拱顶的遮盖，在浮顶上不会有雨、雪等外加荷载，阳光也不会直射到浮顶上引起液体汽化，因此，浮顶一般采用浅盘式或单盘式。制作浮盘的材料和方式有多种，新建油罐多采用钢板制作；而对于在役拱顶油罐改装内浮顶油罐时，多采用铝合金、工程塑料等材料制成部件，再用螺栓等装配而成。这种装配式浮盘已有定型产品，可方便地从人孔中拿进去组装，施工周期短，操作也较方便。

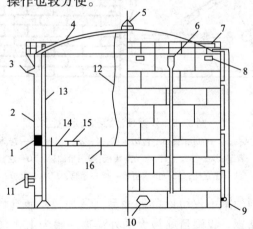

图3-6 内浮顶油罐结构示意图

1—软密封；2—罐壁；3—高液位报警器；4—固定罐顶；
5—罐顶通气孔；6—泡沫消防装置；7—罐顶人孔；8—罐壁通气孔；
9—液位计；10—罐壁人孔；11—带芯人孔；12—静电导出线；
13—量油管；14—内浮盘；15—浮盘人孔；16—浮盘立柱

内浮顶油罐兼有拱顶油罐和外浮顶油罐的优点，既减少蒸发损耗，也防止雨雪杂物对油料的污染，对储存成品油，特别是汽油和航空燃料很有利。另外，就材料消耗而言，虽然比外浮顶油罐增加了拱顶钢材消耗，但同时也大大减少了附件的钢材耗量，如减少了抗风圈、排水管等，与外浮顶油罐比较，钢材耗量还略小一些。

三、浮顶的结构

浮顶的结构形式有浅盘式、单盘式和双盘式 3 种，如图 3-7 所示。

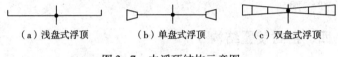

（a）浅盘式浮顶　　　（b）单盘式浮顶　　　（c）双盘式浮顶

图 3-7　内浮顶结构示意图

（一）浅盘式浮顶

浅盘式浮顶是在一块单板的周围装垂直边缘，见图 3-7（a）。这是浮顶出现初期的一种形式。它存在着一些严重缺陷，一是当浮顶出现泄漏时，极容易引起浮顶下沉；二是遇有雪或雨水等附加荷载时，可能严重影响浮顶的稳定性；三是由于只有一层钢板，直接接触液体，阳光直射在浮顶上，可能导致顶板下部高挥发性流体沸腾。由于上述缺点的存在，这种形式已很少使用。

（二）单盘式浮顶

单盘式浮顶是在浮顶的周边安装了一个环形浮顶，中间为单层板，见图 3-7（b）。浮顶内部由径向隔板分隔为若干个互不连通的隔舱，如有个别的隔舱渗漏时也不会使浮顶沉没，有效地克服了浅盘式浮顶的前两项缺点，因此得到了广泛的应用，也是目前应用最广泛的浮顶结构形式。但由于中心板仍为单板，在阳光直射下仍可能导致高挥发性油品沸腾，不适用于轻质油品使用。

（三）双盘式浮顶

双盘式浮顶是由上下两层盖板组成。两层盖板之间由边缘板、径向板、环向板隔离成若干互不相通的船舱，见图3-7(c)。

浮顶外缘环板与罐壁之间有宽200～300mm的间隙（大型罐可达500mm），其间装有固定在浮顶上的密封装置。密封装置既要紧贴罐壁，以减少油料蒸发损耗，又不能影响浮顶的上下移动。因此，要求密封装置具有良好的密封性、耐油性，同时要坚固耐用，结构简单，施工维护方便，成本低廉。浮顶油罐的密封装置优劣对工作的可靠性和减少损耗具有关键作用。

四、密封装置结构

密封装置的形式很多，大体分为机械密封和弹性密封两类。早期主要使用机械密封，目前多使用弹性填料密封或管式密封，也有采用唇式密封或迷宫密封的。只使用上述任何一种形式的密封称为单密封。为了进一步降低蒸发损耗，有时又在单密封的基础上再加上一套密封装置，这时称原有的密封装置为一次密封，而另加的密封装置为二次密封。

（一）机械密封装置

机械密封主要由金属滑板、压紧装置和橡胶织物三部分组成。金属滑板用厚度不小于1.5mm的镀锌薄钢板制作，高约1～1.5m。金属滑板在压紧装置的作用下，紧贴罐壁，随浮顶升降而沿罐壁滑行。金属滑板的下端浸在油品中，上端高于浮顶顶板，在金属滑板上端与浮顶外缘环板上端装有涂过耐油橡胶的纤维织物，使浮顶与金属滑板之间的环形空间与大气隔绝。根据压紧装置的结构，机械密封又分为重锤式机械密封（见图3-8）、弹簧式机械密封（见图3-9）、炮架式机械密封（见图3-10）三种。机械密封是靠金属板在罐壁上滑行以达到密封和调中的。机械密封的优点是金属板不易磨损，缺点是加工和安装工作量大，使用中容易腐蚀失灵，尤其是罐壁椭圆度较大或由于基础不均匀沉陷而使壁板变形较大时，很容易出现密封不良或卡住现象。因此，机械密封正逐步被其他性能更好的密封装置所取代。

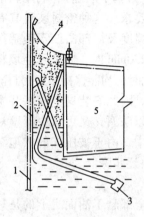

图 3-8　重锤式机械密封装置
1—罐壁；2—金属滑板；3—重锤
压紧装置；4—橡胶纤维织物；5—浮顶

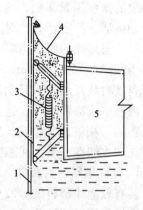

图 3-9　弹簧式机械密封装置
1—罐壁；2—金属滑板；3—弹簧压紧
装置；4—橡胶纤维织物；5—浮顶

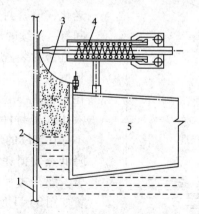

图 3-10　炮架式机械密封装置
1—罐壁；2—金属滑板；3—橡胶纤维织物；
4—炮架式压紧装置；5—浮顶

(二)弹性密封装置

弹性填料密封装置是目前应用最广泛的密封装置。它用涂有耐油橡胶的尼龙布袋作为与罐壁接触的滑行件,其中装有富于弹性的软泡沫塑料块(一般采用聚氨基甲酸酯),利用软泡沫塑料块的弹性压紧罐壁,达到密封要求。这种密封装置具有浮顶运动灵活,严密性好,对罐壁椭圆度及局部凸凹不敏感等优点。浮顶与罐壁的环形间隙一般为250mm时,安装弹性填料密封。当间隙在150~300mm之间变化时,均能保持很好密封。弹性填料密封装置的缺点是耐磨性差。因此安装这类密封装置的油罐内壁多喷涂内涂层,这样既可以防腐,又可减少罐壁对密封装置的磨损。此外,在长期使用中,由于被压缩的软泡沫塑料可能产生塑性变形,其密封效果将逐步降低。

1. 弹性填料密封装置

装有软泡沫塑料的橡胶尼龙袋全部悬于油面之上的是气托式弹性填料密封,橡胶尼龙袋部分浸入油品中的是液托式弹性填料密封。气托式密封的密封件与油品不接触,不容易老化,但密封装置和油面之间有一连续的环形气体空间,而且密封装置与罐壁的竖向长度较小,因此油品蒸发损耗与液托式密封相比较大。液托式密封件容易老化,但不存在连续的环形气体空间,降低蒸发损耗的效果更为显著,液托式弹性填料密封装置如图3-11所示。

采用弹性填料密封装置时,在其上部常装有防护板,又称风雨挡,对密封装置起

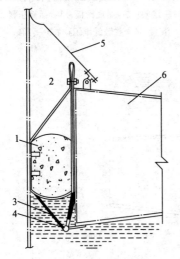

图3-11 弹性填料密封装置

1—软泡沫塑料;2—密封胶袋;3—固定带;
4—固定环;5—防护板;6—浮顶

到遮阳、防老化、防雨、防尘作用。防护板由镀锌铁皮制成。防护板与浮顶之间用多股铜质导线作电气连接，以防止雷电或静电起火。

2. 管式弹性密封装置

管式密封由密封管、充液管、吊带、防护板等组成，如图3-12所示。密封管是由两面涂有丁腈橡胶的尼龙布制成，管径一般为300mm，密封管内充以柴油或水，依靠柴油或水的侧压力压紧罐壁。密封管用吊带承托，吊带与罐壁接触部分压成锯齿形，以减少毛细管作用，对原油罐还能起刮蜡作用。吊带及密封管浸入油内，油面上无气体空间。由于密封管内的液体可以流动，因而管式密封装置的密封力均匀，不会因为罐壁的局部凸凹而骤增或

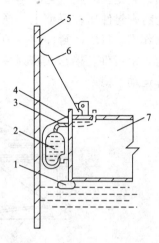

图3-12　管式弹性密封装置
1—限位板；2—密封管；3—充液管；
4—吊带；5—罐壁；6—防护板；7—浮顶

骤减，对罐壁椭圆度有较好的适应能力，因而密封性能稳定，浮顶运动灵活。

3. 迷宫式密封装置

图3-13与图3-14是迷宫式密封装置及其密封橡胶件。迷宫式密封橡胶件由丁腈橡胶制造。它的外侧有6条凸起的褶和罐壁接触，相当于6条密封线。油气即使穿过一条褶进入褶和褶间形成的空隙，还要经过多次穿行才能逸出罐外，因

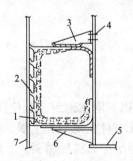

图3-13　迷宫式密封装置
1—密封橡胶件；2—褶；
3—上支架；4—螺栓；5—浮顶；
6—下支架；7—罐壁

此称为迷宫式密封装置。浮顶上下运动时，褶可以灵活地改变弯曲方向。在浮顶下降时，可把附着罐壁上的油擦落，以减少黏附损耗。迷宫密封橡胶件的内侧（靠浮顶一侧）在橡胶内装有板簧，它是在橡胶硫化时与橡胶件组合在一起的，依靠板簧的弹力将密封件压在罐壁上。橡胶件的主体内有金属芯骨架，起增强作用。每块密封件两端的下部都有堰，以防浮顶升降时油品混入密封件。迷宫式密封装置结构简单，密封性能好，浮顶升降运动平稳。

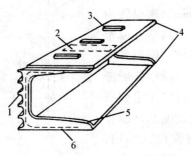

图 3-14　密封橡胶件
1—褶；2—板簧；3—导板；
4—搭接部分；5—堰；6—型芯骨架

4. 唇式密封装置

同迷宫式密封装置类似的还有唇式密封装置，如图 3-15 所示，它的宽度调节范围为 130~390mm。

5. 二次密封装置

上述密封装置可以单独使用，也可以和附加密封一起使用。两者共同使用时，二次密封可装在机械密封金属滑板上缘，也可装在浮顶外缘环板的上缘，后者主要用于非机械密封。二次密封多依靠弹簧板的反弹力压紧罐壁，利用包覆在弹簧板上的塑料制品密封。装于机械密封装置的二次密封，如图 3-16 所示。增加二次密封可进一步降低油品静止储存损耗。

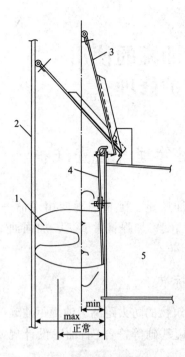

与一次密封
连接(可调节)

图 3-15 唇式密封装置
1—唇形密封体；2—罐壁；
3—防护板；4—芯板；5—浮顶

图 3-16 机械密封装置的二次密封
1——次密封；2—弹簧板式二次密封

第四章 立式油罐的使用管理与维护修理

第一节 油罐的使用管理与检查维护

为了油罐安全运行，保证储油质量，延长油罐使用寿命，油罐正确使用必须建立健全技术档案，加强日常管理，加强油罐的维护检查，使油罐达到完好标准。

一、立式钢质油罐的完好标准

（1）地上油罐至库内各建、构筑物的防火距离，油罐距油罐的防火距离及防火堤的设置、油罐基础等符合《石油库设计规范》GB50074 的规定。

（2）在役油罐几何尺寸不得大于以下规定：

①罐壁板点蚀深度不超过表4-1规定值。

表4-1 罐壁板点蚀深度允许最大值

钢板厚度/mm	3	4	5	6	7	8	9	10	12
麻点深度/mm	1.2	1.5	1.8	2.2	2.5	2.8	3.2	3.5	3.8

②壁板凹凸变形不超过表4-2规定值。

表4-2 罐顶板和壁板凹凸变形允许最大值

测量距离/mm	1500	3000	5000
偏差值/mm	20	35	40

③壁板折皱高度允许最大值不超过表4-3规定值。

表4-3 壁板折皱高度允许最大值

壁板厚度/mm	4	5	6	7	8
7 折皱高度/mm	30	40	50	60	80

④罐底板余厚最小允许值不得超过表4-4规定。

表4-4 底板余厚允许最小值

底板厚度/mm	4	>4	边缘板厚度/t
允许余厚/mm	2.5	3	0.7t

⑤底板不得出现 $2m^2$ 以上高出 150mm 的凸起；局部凹凸变形不大于变形长度的 2% 或超过 50mm。

⑥罐体倾斜度不超过 4‰，铅垂偏差值不超过 50mm。

(3)油罐漆层完好，不露本体，面漆无老化现象，严重变色、起皮、脱落面积不大于 1/6，底漆无大面积外露。

(4)油罐进出油管、排污管、量油孔、人孔、油面指示器(含自动测量装置)、胀油管(含安全阀)、升降管、旋梯、消防设备等附件齐全，技术性能符合要求；油罐加温装置的汽、水畅通，不渗漏，无严重锈蚀。

(5)呼吸系统配置齐全完好，呼吸管畅通，呼吸阀控制压力符合技术要求，垂直安装，启闭灵活，密封性良好；阻火器有效，阻火芯片清洁畅通，无积尘、堵塞、冰冻，呼吸管口径(等于或大于油罐进出油管直径)符合流量要求。洞库呼吸管设有清扫口，洞外呼吸管口距离洞口不得小于 20m，管口必须设置阻火器。

(6)防雷、防静电接地设置符合技术要求，连接牢固，接地电阻符合规定值(防雷接地电阻不大于 10Ω，防静电接地电阻不大于 100Ω)，不能利用输油管线代替静电接地线。引至洞外的金属通风和呼吸管设有避雷针，其保护范围在爆炸危险 2 区之外。

(7)油罐液位下与油罐连接的各种管线的第一道阀门(含排污阀)必须采用钢阀。

（8）浮顶油罐密封装置及其螺栓、配件无腐蚀、损坏、开裂、剥离现象，密封装置密封度大于90%，浮盘升降灵活。浮顶中央凹陷处、夹层中无漏油，固定零件不与壁板摩擦。

（9）油罐配件材质、图纸、附属设备出厂合格证明书、焊缝探伤报告、严密性及强度试验报告、基础沉降观测记录、设备卡片、清洗和检修及验收记录、储罐容积表等技术资料齐全准确。

（10）油罐编号统一，标志清楚，字体正规。

二、建立油罐技术档案

无论是新罐，或是在役油罐，都应该建立技术档案。新罐从验收到第一次装油时起，就应按照油罐编号着手建立资料，以后每次技术鉴定或修理，都应认真记载，以便掌握油罐的技术状况。

油罐技术档案主要包括以下内容：

（1）油罐图纸、说明书、统一编号。

（2）油罐施工、大修情况记载。

（3）油罐竣工后的实际尺寸。

（4）油罐注水试验情况记载。

（5）附属设备性能一览表及其技术状况。

（6）每次技术鉴定和修理情况记载。

（7）油罐储油情况。

三、油罐的日常管理

（1）遇雷雨天气时应停止收发油作业，也不应上罐计量和取样。

（2）同品种油罐，尽量使其中一座油罐满装。

（3）油罐更换储油品种时，要按《油罐重复使用洗刷要求》刷罐。

（4）汽油等易挥发油品，可在呼吸阀下加防气流挡板，炎热地区，可设喷淋降温装置或设防辐射遮阳板、隔热层、涂隔热漆等。

（5）轻质油罐清洗周期不得超过三年，重柴油罐清洗周期不得超过二年半，润滑油罐冲洗周期不得超过二年。

（6）油罐内不要垫水，油罐内如有油污水时，要通过放水阀或排水孔放出，特别在严寒地区，入冬前必须全面检查排放一次，地面、半地下油罐的排污阀还要做好防冻措施。

（7）油罐内油品加温时，其加热温度最高不要超过90℃，还必须比该油品闪点低20℃。

（8）开启油罐上的各种孔盖时，要用有色金属制成的工具，轻拿轻放，耐油橡胶垫要经常检查，使之保持完好无损。

（9）要经常检查呼吸阀的阀盘是否灵活，特别是遇有大风降温或暴雨的天气预报时，进出油时要检查一次。

（10）要经常检查洞库油罐呼吸管是否畅通，利用竖管排渣口、低凹处放水阀定期排除沉积物和冷凝水（油）；出口处的控制总阀，平时不得关阀。

（11）对于正常收发油罐，罐前有两道闸阀的，第一道闸阀应常开。

（12）计量、取样、测量时，器具一端要接地，且器具和绳索应紧固在油罐上。胀油管的入口，应弯向罐壁。

四、油罐安全容量的计算

表示油罐安全容量的参数有三个，即安全容积、安全高度、安全质量。油罐安全容积及安全高度一般可从油罐容积表中或图纸查得，而油罐储存油品的安全质量，需经计算求出。如罐内已储存部分油品，且接卸油品与罐内原有油品存在较大温差，还需计算平均油温和密度，才能计算出油罐欠装油的安全质量。

（一）安全高度测量

油罐安全高度是指油罐储油的最大高度，即达到这个高度时不会因装得太满而使油品从泡沫灭火的泡沫产生器溢出或影响灭火。

（1）外测方法，如图 4-1 所示。将水准议置于罐顶，整平仪器，从计量口下尺，使重尺砣触及计量基准点，读取视准轴至计量基准点的垂直距离 H_1；再用带有毫米刻度的木直尺，测量罐顶加强环至泡沫产生器喷射口下边缘的距离 H_2，（取最小值）和泡沫产生器部位的罐顶加强环至视准轴的距离 H_3（取最大值），则：

壁板总高 $B = H_1 - H_3$；

泡沫产生器喷射口下边缘至计量基准点的距离 $C = H_1 - H_2 - H_3$。

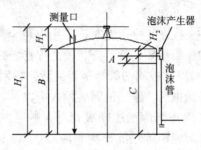

图 4-1　外测示意图

（2）内测方法，如图 4-2 所示。将经纬仪水平地放置在罐内接近中心处，测量经纬仪与泡沫产生器喷射口下边缘的仰角 β，泡沫产生器喷射口上部壁板最高点的仰角 α，经纬仪至罐壁的水平距离 L，和经纬仪视准轴至罐底计量基准点的垂直距离 H_1，则圈板总高（取最小值）为：

$$B = H_1 + L\mathrm{tg}\alpha$$

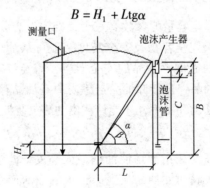

图 4-2　内测示意图

泡沫产生器喷射口下边缘至罐底计量基准点的垂直距离(取最小值)为:

$$C = H_1 + Ltg\beta$$

(3)安全高度计算

安全高度需预留灭火泡沫的厚度。不同油品和灭火物质所必需的泡沫厚度 A 一般为300mm。

当 $A > B - C$(没有消防设备)时,安全高度 H 为:

$$H = B - A - K$$

当 $A < B - C$ 时,安全高度 H 为:

$$H = C - K$$

式中　K——测量件误差而取的安全系数,一般取 10mm。

(4)测量油高的安全事项。

①测量人员应严格执行区域安全规定。不得带入火种,不能穿着带钉鞋和化纤服装。

②测量人员应使用符合防爆要求的手电及棉纱,不得用普通手电和化纤抹布。

③开启罐盖或测量孔时,应在上风方向,测量含铅汽油时,宜戴防护口罩和橡胶手套。

④测量前应将测尺与接地端子连接,大风及雷雨天气应停止测量。

⑤登上油罐、车、船后,需待呼吸正常后再进行测量。冬季攀登油罐、车、船时,应防滑倒跌伤。

(二)油罐安全质量的计算

(1)油罐安全质量的计算公式如下。

$$m_安 = V_安 \rho_{接油} - \alpha(T_{最高} - T_{接油})$$

式中　$m_安$——空油罐最大允许装油安全质量;

　　　$V_安$——油罐安全容积;

　　　$\rho_{接油}$——接卸油温时的油品密度;

　　　α——密度温差修正系数(表4-5);

　　　$T_{最高}$——油库所在地历年最高温度(表4-6);

$T_{接油}$——接卸油品的油温。

表 4-5 油品密度温度修正系数 　　　　　　　　‰

项目	汽油	煤油	柴油	其他油品
修正系数	1.0	0.8	0.8	0.7

注：此表提供数据只供计算油罐安全重量使用或估算使用。

表 4-6 全国铁路油罐车运输途中最高油温

地区范围	季节划分					
	冬春		雨季		夏秋	
	月份	最高油温/℃	月份	最高油温/℃	月份	最高油温/℃
东北地区 （山海关以北）	12～2	2	3～5	28	6～11	33
长江北地区 （武汉、成都以北）	12～2	17	3～5	34	6～11	39
长江南地区 （武汉、成都南）	12～2	24	3～5	24	6～11	39

（2）油品平均温度的计算公式。

$$T_{平均} = T_{接油} + (T_{罐油} - T_{接油}) \frac{V_{罐油}}{V_{罐安}}$$

式中　$T_{平均}$——接卸油品与罐内油品的平均油温，℃；

$T_{接油}$——接卸油品的油温，℃；

$T_{罐油}$——罐内油品的油温，℃；

$V_{罐油}$——罐内油品的体积，m^3；

$V_{罐安}$——油罐的安全容积，m^3。

（3）油品平均温度时的密度公式：

$$\rho_{平均} = \rho_4^{20} - \alpha(T_{平均} - 20)$$

式中　$\rho_{平均}$——平均油温时油品密度，t/m^3；

ρ_4^{20}——油品标准密度，t/m^3；

α——密度修正系数；

$T_{平均}$——平均油温，℃。

（4）油罐欠装油的安全质量公式。

$$m_{安} = V_{安}[\rho_{平均} - \alpha(T_{最高} - T_{接高})]$$

式中　$m_{安}$——罐内欠装油的安全质量，t；

　　　$V_{安}$——罐内欠装油的安全体积，m^3；

　　　其他符号同前。

（5）罐装油品总质量的计算。根据测量出的油品高度（油水总高减去水高），从油罐容量表查出油品体积，按下列公式计算。然后将计算结果与上次结果或进出数量比较，核实数量。如误差超出允许范围，<u>应查明原因处理</u>。

$$m_{油} = \rho_4^t V_{油} = [\rho_4^{20} - \alpha(t - 20)]V_{油}$$

式中　$m_{油}$——罐装油品的总质量，t；

　　　$V_{油}$——罐装油品体积（据油品高度从容积表查得），m^3；

　　　ρ_4^t——罐装油品的视密度，t/m^3；

　　　t——罐装油品的温度，℃；

　　　ρ_4^{20}——罐装油品的标准密度，t/m^3；

　　　α——密度修正系数。

（6）罐装油品静态测量计算结果准确度。

①立式油罐 ±0.35%；

②卧式油罐 ±0.7%；

③铁路油罐车 ±0.7%；

④汽车油罐车 ±0.5%。

五、油罐的检查与维护

油罐的检查与维护主要有检查测量、定期检查、定期清洗、预防自然灾害对油罐的威胁等内容。

（一）日常检查维护

油库检查分为查库、专业检查、安全检查三类。查库分为岗位人员每天检查，部门领导每周检查，油库领导每月检查三级，遇天气异常等特殊情况应增加查库次数。专业检查由专业技术人员进行，一般每半年一次。安全检查在每季（或半年）和重大节日进行。每次查库后应认真填写查库记录，对发现的问题提出解决办法或采取措施，并限期落实。

查库内容主要是有无漏油、漏气现象；罐体有无变形；油罐基础有无沉降、开裂，罐内气压是否正常；油罐附件运行是否正常；罐体及附件防腐涂层有无脱落或锈蚀；防雷电、静电接地是否完好；消防设施和器材是否在位、完好等。

检查中遇有异常油味、油面不正常下降，地面、管沟有油迹，水面有油花，罐外壁有潮湿尘迹、罐沥青沙稀释等异常现象时，必须结合当时当地的具体情况认真分析。其原因可能是：

(1)由于温差较大引起内应力变化，导致焊缝裂缝。

(2)焊接质量差，焊缝有裂缝、沙眼、夹渣。

(3)油罐基础不均匀沉降，造成折裂、焊缝开裂。

(4)腐蚀穿孔。

(5)呼吸系统选型不当(呼吸管直径小、呼吸管线长，阻力大)或有故障，引起油罐胀裂或吸瘪。

(6)由于入罐油品与罐内油品温差大，气温剧烈变化(剧烈降温、暴雨降温)等特殊情况引起油罐胀裂或吸瘪。

(7)设计原因引起油罐失稳、吸瘪。

(8)由于未采取保温等措施引起放水管线、阀门等冻裂。

(9)由于洪水、地下水引起油罐起浮和地震管路与油罐之间拉裂。

(二)定期检查维护

除了日常检查维护外，还要对油罐及其附件进行全面的定期清查维护。

每两个月对油罐至少进行一次外部检查，严寒地区在冬季应不少于两次，主要内容如下：

(1)检查各密封点、焊缝及罐体有无渗漏，油罐基础及外形有无异常变形。

(2)检查焊缝情况：罐体纵向、横向焊缝；进出油结合管、人孔等附件与罐体的结合焊缝；顶板和包边角钢的结合焊缝；

应特别注意下层壁板纵向、横向焊缝及与底板结合的角焊缝有无渗漏及腐蚀裂纹等。如有渗漏，应用铜刷擦光，涂以10%的硝酸溶液，用8~10倍放大镜观察，如发现裂缝(发黑色)或针眼，应及时修理。

(3)检查罐壁的凹陷、折皱、鼓泡，一经发现，即应加以检查测量，超过规定标准应作大修。

(4)检查油罐进出油阀的阀体、连接部位填料函、短管与罐壁连接处焊缝是否有缺陷或渗漏。

(三)检查维护的内容

(1)检查维护的内容见表4-7~表4-10。

表4-7　日常检查项目及维护内容

序号	检查项目	检查内容	维护保养
1	油罐整体	罐体有变形、锈蚀	整修、维护
2	罐外涂层	油漆有无剥落(涂层寿命周期为3~5年)	局部刷漆
3	油罐基础	雨水浸入，裂缝、凹陷、倾斜	整改、维修
4	进出阀门	开关、润滑、渗漏、上锁(常闭阀门)	润滑、更换轴封
5	胀油管	常开状态，腐蚀，安全阀控制压力(2~3MPa)	紧固或检修(使用开关明显的手动阀)
6	油罐组防火堤及堤内地面	裂缝、沉降、鼠洞，排水阀门开关状态，堤内地面积水、沉降	局部整修、修补
7	呼吸阀、液压安全阀	保护网罩、液位高度、腐蚀	清理、添加
8	测量孔	密封、腐蚀、上锁	修补、更换密封垫
9	通风管道	连接、腐蚀、漏气	紧固、修补、更换垫片
10	扶梯	牢固、腐蚀	紧固、修补
11	罐顶栏杆	牢固、腐蚀	修补

序号	检查项目	检查内容	维护保养
12	保温层	防水密封、浸入雨水，每五年进行剥离检查	检修
13	接地系统	连接状况、腐蚀状况	紧固，腐蚀1/3以上更换
14	维护	油罐整体及附件	清洁擦拭

表4-8 每周检查项目及维护内容

序号	检查项目	检查内容	维护保养
1	金属软管	泄漏、变形	紧固、更换
2	罐底蒸汽加温管，排污管	泄漏、渗漏、冻结	检修
3	呼吸阀	冬季每次作业前均应检查是否灵活、冻结	清理

表4-9 每月检查项目及维护内容

序号	检查项目	检查内容	维护保养
1	罐顶板	锈蚀、漏气	防腐、粘补
2	采光孔	锈蚀、漏气	防腐、紧固
3	泡沫产生器	玻璃碎、漏气	更换玻璃
4	阻火器	堵塞(冬季月检)	清理波纹片
5	罐壁板	变形、腐蚀、泄漏、渗漏	堵漏，降低储油高度
6	人孔	泄漏、渗漏、螺栓	堵漏、紧固
7	加温设备	生锈、连接松动、泄漏、渗漏	紧固、清理
8	测量孔	生锈、导尺槽垫圈脱落	更换
9	液位计	指针部位生锈、动作状况（每月校正一次）	清理，人工检尺
10	喷淋管	生锈、喷水口堵塞	除锈或更换
11	接地装置	连接状况，腐蚀情况	紧固，腐蚀1/3以上更换

表4-10 每季检查项目及维护内容

序号	检查项目	检查内容	维护保养
1	呼吸阀	保护网罩,各部连接和腐蚀,开闭是否灵活	清洁、保养、除锈
2	液压安全阀	保护网罩和液面高度	清理、更换、添加
3	阻火器	冰冻、波纹板清洁、腐蚀	拆开清洁
4	通风管	保护网罩、腐蚀	清刷、更换
5	放水阀	开闭状态、渗漏	更换填料、润滑

(2)每年检查和维护。每年应按《石油库设备完好标准》对油罐进行一次全面的检查

(3)每2~4年结合油罐清洗,检查罐内底板、壁板和焊缝的腐蚀、变形情况;罐内加热盘管的安装和腐蚀状况;各种与油罐连接的法兰密封面和垫片状况,以及与油罐相连接阀门内部密封件等状况。如难以检修则应更换。

(4)内浮顶油罐检查中增加项目见表4-11。

表4-11 内浮顶油罐检查增加项目

序号	检查部位和内容	技术要求
1	回转式带芯人孔、人孔梯子、平台	芯板弧度必须同罐壁一致,边缘无尖角、毛刺,孔盖密封不漏
2	浮盘上人孔	盖板紧密不漏
3	导向量油管	导向部分转动灵活、间隙适宜
4	浮盘支柱	完好无严重锈蚀
5	密封装置	密封带无皱折、无破损,密封良好
6	罐顶通气孔	金属网完好,防雨罩不漏水
7	罐壁通气孔	金属网完好,防雨罩不漏水
8	导静电装置	导线接触良好
9	自动测量、报警装置	是否安全、可靠、准确

(5)每次检查结束后,必须由检查人员填写检查记录,作为设备检修的依据。当发现异常情况时,检查人员应向主管部门领导及时汇报。油库主管主任每月应签阅一次检查记录,并解

决自身能解决的一些实际问题。

（四）油罐专业技术检查内容

（1）油罐圈板纵横焊缝，尤其是底、圈板的角焊缝，发现连续针眼渗油或裂纹，应立即腾空油料进行修理，不得继续储油。

（2）油罐圈板凹陷、鼓泡、折皱超过表4-12和表4-13规定时，应采取有效措施予以修理。

表4-12　凹陷、鼓泡允许偏差值

测量距离/mm	允许偏差值/mm
1500	20
3000	35
4000	40

表4-13　折皱允许高度值

圈板厚度/mm	允许折皱高度/mm
4	30
5	40
6	50
7	60
8	80

（3）油罐基础下沉、倾斜（底板边沿直径相对两观察点间）超过1%，应立即腾空油料采取有效措施，不得继续储油。

（4）浮顶油罐的皮膜及连接螺丝、配件，有无腐蚀、损坏、开裂、剥离以及皮膜装置张紧情况。

（5）浮顶油罐还应检查浮顶中央凹陷处、夹层中是否漏油，固定零件是否与圈板摩擦。

（6）检查排水管是否畅通，清扫油罐顶部雨、雪。

（7）消防泡沫管有无油气冲出，油罐与附件连接处垫片是否完好，有无渗漏油。

（8）覆土的非金属油罐，视其情况挖土检查有无渗漏油。

(9)检查油罐底板锈蚀程度,若余厚小于表4-14规定时应予以补焊或更换。

表4-14　油罐底板锈蚀允许最小余量值

底板厚度/mm	底板允许最小余厚/mm
4	2.5
4以上	3.0

(10)桁架油罐内部各构件位置,有无扭曲、挠度,桁架与罐壁间的焊缝有无开裂、咬边。

(11)无力矩油罐中心柱套管有无开裂。

(12)有支柱油罐检查支柱的垂直度,位置有无移动、下沉,以及连接情况。

(13)罐底板如局部凹陷,用小锤击敲查明空穴范围,视其情况采取处理措施。

(14)直接埋入地下的油罐应每年挖开3~5处,检查防腐层是否完好。

(五)定期清洗油罐

油罐清洗是油罐的一项综合性工作,也是油罐使用管理的重点工作之一。油罐清洗的目的是减少水分、杂质及其对油罐的腐蚀和对油品的污染,为油罐进行检修、检定做准备,保证油品质量。

经常收发油品的油罐一般要求3年清洗一次,长期储存油品的油罐每次腾空后应进行清洗,放空油罐应每年或隔年清洗一次。

航空燃料油质量管理规定,对油罐的清洗提出了具体要求,容积500m³以上的油罐、气压油罐每年清洗一次,容积小于500m³的油罐每半年清洗一次。每月应从排水口放油检测一次油品中的水分、杂质,如排放沉淀后仍然有水分、杂质,则应清洗油罐。

第二节　钢质油罐的清洗

一、油罐清洗时机(条件)

(1)新建油罐装油前;

(2)换装不同种类的油料,原储油料对新换装油料质量有影响时;

(3)需对油罐进行修焊或除锈涂漆时,应先冲洗油罐,完工后再经过清洁工作才能装油;

(4)装油时间长,腾空后检查确实较脏时。

二、油罐清洗方法及步骤

油罐清洗方法及步骤见表4-15。

表4-15　油罐清洗方法及步骤

步骤 ＼ 方法	干洗	湿洗	蒸汽洗	化学洗
第一步	排净罐内存油	排净罐内存油	排净罐内存油	排净罐内存油
第二步	人员进罐清扫油污水及沉淀物	人员进罐清扫油污水及沉淀物	人员进罐清扫油污水及沉淀物	人员进罐清扫油污水及沉淀物
第三步	通风排除罐内油气(黏油罐可酌情确定),并测定油气浓度到安全范围	通风排除罐内油气(黏油罐可酌情确定),并测定油气浓度到安全范围	通风排除罐内油气(黏油罐可酌情确定),并测定油气浓度到安全范围	通风排除罐内油气(黏油罐可酌情确定),并测定油气浓度到安全范围
第四步	用锯末干洗	用0.3~0.5MPa高压水冲洗罐内油污浮锈	用高压蒸汽蒸煮油污,并用高压水冲洗	用洗罐器喷水冲洗并检查冲洗系统及设备
第五步	清除锯末,用铜制工具除局部锈蚀	尽快排净冲洗污水,并用拖布擦干净	排净污水	酸洗除锈约90~120min

方法 步骤	干洗	湿洗	蒸汽洗	化学洗
第六步	用拖布彻底擦净	通风除湿	用锯末干洗	排净酸液，清水冲洗约20min，使冲洗水呈中性为宜
第七步	干洗质量检查验收	用铜制工具除去局部锈蚀	清除锯末，用铜制工具除去局部锈蚀	排除污水，两次钝化处理，第一次约3min，第二次约8min
第八步		湿洗质量检查验收	用拖布彻底清除脏物	钝化后5～10min，再次用0.3～0.5MPa冲洗8～12min
第九步			检查验收洗罐质量	排除冲洗水用拖布擦净
第十步				通风干燥
第十一步				检查验收洗罐质量

三、油罐清洗主要步骤、操作要点及注意事项

(一)排净罐内存油

排净罐内存油是一项危险性较大的作业，这期间极易发生中毒事故，必须保证作业人员按章办事。其程序是：填写和审批开工作业票→检查各项准备→自流排油→手摇泵或电动泵抽油→清理现场。

(1)做好各项准备工作。

①填写和审批开工作业票。

②进行班前安全教育，全部岗位人员到位。

③打开人孔分层检查罐底油料质量，确定存油排除及处理方案。合格油料放至其他储罐，油污水排至沉淀罐或污水处理设施中待处理。合格的车、船用油，可利用排污管与进出油管的连通管将油品输至别的储罐。但是航空油料一般不允许这样做，以保证进出油管的干净。

（2）洞库抽吸底油时启动通风系统，以保证作业场所的通风换气。

（3）检查抽吸底油的工艺设备、通风设备的技术状况。

（4）从排污管排放底部水分杂质；利用进出油管和排污管自流排放的底油应排到回空罐或其他容器，至流不出为止。

（5）打开人孔插入吸油管（设有集污坑的将吸油管放入集污坑，或者与排污管连接），用石棉被盖住人孔，以减少油气逸散。手摇泵抽吸底油时应两人操作，以减轻人员的劳动强度；盛油容器应派人监视。

（6）底油抽完后，拆除抽吸底油的设备，清理现场。

（二）人员进罐扫罐底

人员进罐清扫罐底时，要特别注意安全。

（1）进罐人员必须穿工作服、工作鞋、工作手套，戴防毒面具。并且进罐时间不得太长，一般控制在30min左右。

（2）清扫残油污水应用扫帚或木制工具，严禁用铁锹等钢质工具。照明必须用防爆灯具。

（3）应用有效的机械排风。

（4）罐外要有专人监视，发生问题及时处理。

（三）通风排除罐内油气

（1）洞库的通风尽量利用原有的固定通风设备，也可增设临时通风管道和设备，进行通风换气。

（2）洞库利用原有固定通风系统和设备时，要注意关闭装油油罐通风支管上的蝶阀，并进行隔离封堵，以切断待洗罐和储罐的通风系统的连通。

（3）在通风排气的同时，用仪器测定罐内油气浓度，直至油气浓度降到爆炸极限以下，人嗅不到油气味才行。

（4）临时通风设备宜用离心式风机，通风量不小于油罐容积的 8 ~ 10 倍（3000m³ 以上油罐通风量不小于 15000m³/h）。

（5）临时通风设备。

①临时通风设备表见表 4-16。

表 4-16　临时通风设备表

名称	规格	单位	数量	技术数据			备注
离心风机		台					
吸入管		m					
排出管		m					
电动机		台					隔爆型
重型橡套电缆		m					无接头
开关		台					隔爆型

②临时通风工艺流程见图 4-3。

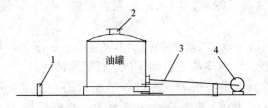

图 4-3　临时通风工艺流程图
1—防火堤；2—采光孔（通风排出口）；
3—通风管；4—风机（吸入处应是清洁空气）

③临时通风的离心风机设置在距离油罐孔口 ≥3m 的地方，电器设备应采用隔爆型电器，安装符合防爆要求。地面油罐宜将通风机设于防火堤之外。

④通风系统进风口设在上风方向，距离洞口 20m 以上（地面

油罐设在防火堤以外），以保证吸入清洁空气。

⑤通风进出口设于不同方向。当油罐壁上不同方向有两个人孔时，一个人孔为进风口，另一个人孔为出风口；在同一条轴线方向的两个人孔不应作为通风进出口，应用罐顶采光孔和人孔作为通风进出口；当油罐只有一个人孔时，为方便作业人员进出油罐，罐顶采光孔为通风时的进风口，罐壁上的人孔为出风口。

（四）清除污物

清除罐底污物期间极易发生油气中毒事故，必须做好防护工作，防止中毒。清除罐底污物的程序是：测量油气浓度→办理"班（组）进罐作业票"（每班必须办理）→进行班前安全教育→清除污物→用木屑进行擦拭。

（1）检查通风设备技术状态，启动风机通风换气。洞室油罐、半地下油罐应连续进行通风换气，停止通风时，必须将油罐上孔口密封。

（2）按照要求测量油气浓度，并填入"可燃气体测定记录表"，作为"班（组）进罐作业票"的附件。每次进入油罐前30min内必须测量油气浓度，填入记录表。工作期间，每隔2h测量一次。

（3）填写和审批"班（组）进罐作业票"，对作业人员进行安全教育，提出注意事项。启动风机进行通风换气。

（4）检查人员防护着装和呼吸器符合安全要求；检查使用工具、器材（木质）是否符合防爆要求，合格后进入油罐清除污物。

（5）污物清除后，将木屑送入罐内，用木屑擦拭罐底板和油罐底圈壁板。擦拭次数根据实际情况确定。

（6）罐内清出的污物和木屑等采用自然风化法处理，严禁乱倒乱撒。

（五）水冲

表5-15所列四种油罐清洗方法，除干洗法外，其他三种洗

罐法都有水冲的步骤，只是水量、水压及冲的目的有所不同。

（1）湿洗法中，水冲是主要步骤，它是利用0.3～0.5MPa的高压水冲洗罐内油污和浮锈。

（2）蒸汽洗法中，水冲洗是冲刷被蒸汽溶解的罐壁罐顶的油污。

（3）化学洗法中，水冲是有几个步骤。开始水冲是为了清洗罐体，检查冲洗系统和设备。以后两次水冲是为冲去化学溶液，因而水冲的时间都需控制，太短了不行，太长了也不好。

（4）干洗法也不是绝对不用水，它在清洗罐壁罐顶也是需要水的，因此说干洗法仅适用于洗油罐底板，若罐壁罐顶也需洗时不宜用干洗法。

（六）蒸煮

蒸煮是蒸汽洗的主要步骤，也是区别于其他洗法不用的步骤。它主要用于黏油罐的清洗。

蒸洗一开始应封闭罐上所有孔盖，通入蒸汽，待温度达到60～70℃时，再打开孔盖继续蒸洗，使罐内残油完全溶解，然后用高压水冲洗。

（七）注意事项

（1）清洗油罐准备工作必须周全细致，设备应对照作业方案和工艺图进行核对，做到准确无误。

（2）清除底油时，严防容器冒油和油品洒落，尽量减少油气散发。

（3）清除罐底污物时，在油罐内工作时间不得超过30min，间隔时间不小于1h。油罐人孔口部必须有人监护。

（4）油罐清洗后，罐内油气浓度应在爆炸下限的4%以下。否则应连续通风，使油气浓度下降到爆炸下限的4%以下。

四、化学洗罐法介绍

（一）化学清洗除锈的原理

钢板的锈蚀主要是钢板表面氧化生成氧化铁。化学清洗除锈就是由耐酸泵打出酸液，经过自动喷酸除锈器（即洗罐器）的喷嘴喷出，利用射流冲力冲击钢板表面，使酸液与氧化铁产生化学反应，并对疏松锈层产生机械冲击作用，高效率地除掉钢板表面的氧化铁。

（二）化学清洗除锈的工艺过程

1. 清扫除油

酸洗前对新建油罐应认真清扫干净；对装过油的油罐，应进行彻底除油。经过清扫后的油罐，再用洗罐器进行水冲，一般冲洗一圈即可，以检查酸泵、管道是否渗漏，并把洗罐器转速预调到规定范围内。

2. 酸洗除锈

酸洗液的配方见表4-17。配制时按规定比例，先在清洁的耐酸池中加入"工业盐酸"；再将"乌洛托平"加水调和，用水量约60kg；同时将"平平加"用热水溶解（"平平加"的用量可视罐的油污情况酌量加入），调好后倒入酸液池中；最后将水添加至规定量。该酸洗液的酸度应不高于18%（酸度降到8%时就应更换新的酸液）。

表4-17　酸洗液的配方（以1000kg酸液计）

名　称	规　格	数量/kg	作　用
工业盐酸	浓度28%～32%	600	去锈
乌洛托平	粉剂	5	缓蚀剂
平平加	固体	0.2－0.3	去油（无油污可不加）
水	清水	400	稀释

酸洗操作：酸洗时间根据锈蚀情况、酸液浓度、洗罐器的射程及压力而定。如1000m³油罐中，采用浓度为18%的酸液，泵出口压力0.3～0.6MPa，洗罐器自转周期15s，酸洗时间为90min。一般新配制的酸洗液冲洗2000m³以下的油罐，酸洗时间应2h左右。酸洗时，应专备一台泵从罐内回收酸液，该泵最好装在比油罐低的地方，以防离心泵进气产生空转。酸

洗完毕后应迅速进入罐内排酸，争取几分钟内将酸液回收到储液箱内。

3. 清水冲洗

酸洗后应立即进行水冲，水冲时间一般为 20min 左右，用 pH 试纸测定罐壁上的水呈中性即可。

此工序应严格掌握，如酸液冲洗不净，会腐蚀钢板，并影响漆膜在金属表面的附着力。

4. 钝化处理

钝化处理是使金属表面生成一层很薄的钝化膜，隔离空气，防止钢板重新锈蚀。钝化液的配制按表 4-18 进行。

表 4-18　钝化液配方（以 1000kg 清水计）

名　称	规　格	数量/kg	作　用
铬酸	无水铬酸固体 99.5%	3~6	钝化
磷酸	液体 85%	2~3	防止金属返黄
水	清水	1000	稀释

配制时先把水放入容器，再慢慢加入"铬酸"，边加边搅拌，防止结块；待"铬酸"溶解后将水加到所需用量。钝化液用的时间过长，浓度降低，效果差，应重新配制新液。

钝化处理一般采用一次钝化，但当平底油罐排液时间长时，金属表面易返黄。用二次钝化效果较好。第一次钝化时间约 3min，钝化溶液可不回收；第二次钝化时间约 8min，钝化溶液可回收再用。

5. 第二次水冲

第二次水冲须在铬酸钝化后 5~10min 进行，使铬酸来得及形成一道防锈膜，水冲是把金属表面黏附的铬酸和磷酸残留液冲净，冲洗时间一般 8~12min，冲水压力不宜过大，一般在 0.3MPa 左右，否则会破坏防锈层。

6. 通风干燥

上述工序完毕后，立即进行加热通风，争取在 14h 以内吹干，使金属不返锈，保持其银灰色光泽，其方法是在罐内放10个左右1kW碘钨灯加热，罐口安装有通风机通风。

（三）质量检查和注意事项

（1）酸洗完毕后应进行全面质量检查，查氧化铁皮、铁锈是否除净和有无残留酸液，如有大面积未除净，应按上述工艺再进行酸洗。对局部小块未除净处（如人孔颈下部）可人工用铲清除，确认合格后可拆除设备结束酸洗。

（2）拆洗罐器时，应防止酸液滴在罐底上，如有酸液滴下，要用拖把擦干，再用蘸有钝化液的拖把擦试一遍。

（3）在喷水试验时，人员进罐检查洗罐器喷射有无死角，如有死角应在洗罐器的调速器上栓两根耐酸绳通至人孔洞处，酸洗时可用绳索转动一个角度。

（4）在操作中应严格控制阀门启闭，防止各种溶液混淆失效。

（5）注意安全，进罐工作人员应着耐酸工作服、耐酸鞋和耐酸手套。

（四）化学清洗除锈的主要设备

1. 洗罐器

洗罐器又叫自动喷酸除锈器，是油罐内壁除锈的主要设备，是由铁道科学研究院设计的自动喷酸除锈器改装而成。它可以根据油罐大小改变喷嘴旋转角度。该洗罐器喷射力大，自重轻（约9kg），其外形见图4-4。

工作原理：由泵输入洗罐器内一定压力的液体，经回转体由喷嘴喷出，由于两喷嘴的喷射反力，使回转体产生自转，并通过传动机构主体产生公转，把液体喷射到整个油罐内壁。喷嘴口径选用10mm或12mm。洗罐器所需压力及流量见表4-19。

洗罐器安装在油罐顶下三分之一至五分之二高度比较合适。一般由顶部采光孔中伸入一根玻璃管，洗罐器丝扣旋入夹布胶木法兰，法兰再与玻璃钢管上的夹布胶木法兰连接。

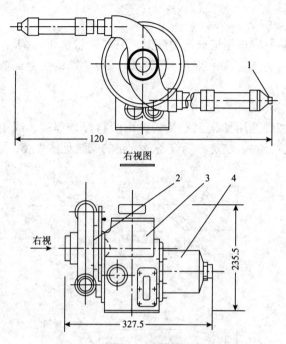

右视图

右视

图 4-4 洗罐器

1—喷嘴；2—回转体；3—主体；4—调速器

表 4-19 洗罐器所需压力和流量

洗罐器有效 作用半径/m	喷口直径/mm			
	10		12	
	进口压力/ mH$_2$O	流量/(L/s)	进口压力/ mH$_2$O	流量/(L/s)
6	8.5	1.0	8.1	1.7
7	10.3	1.1	9.6	1.8
8	12.2	1.2	11.2	2.0
9	14.2	1.3	13.0	2.1
10	16.5	1.4	14.9	2.3
11	19.0	1.5	16.9	2.4
12	21.4	1.6	19.1	2.6
13	24.7	1.7	21.4	2.7
14	28.0	1.8	23.9	2.9
15	31.8	2.0	26.7	3.0

2. 输酸泵

输酸泵应选用玻璃钢耐酸泵，泵的流量选 $30m^3/h$ 左右，扬程选 35m 左右。泵一般应有三台，一台冲洗，一台回收，一台备用。

3. 输酸管道和管件

输酸管选用硬聚氯乙烯管，用塑料焊条焊接，或用硬聚氯乙烯法兰连接。酸洗除锈设备及管路的安装见图 4-5。

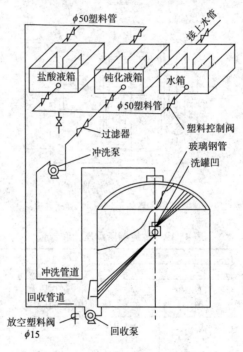

图 4-5 输酸管安装图

五、油罐清洗质量检验

(一)质量要求

油罐清洗的质量要求，根据清洗的目的不同，其质量要求也有所不同，主要有两条。

（1）罐内表面无残油、残余水、沉积物和油垢等附着物。

（2）罐内油气浓度降至爆炸下限的4%以下。

（二）检测方法

（1）现场观察检查。

（2）用白色棉布擦拭检查。

（3）用可燃性气体浓度检测仪，并记录。

（4）质量检验结果填入表4-20。

表4-20　油罐清洗质量检验表

油罐编号		结构型式		公称容量	m³
开工时间		年　月　日	检查时间		年　月　日

质量检验情况：

油库检验员		施工单位检验员	

第三节　金属油罐不动火修理

为避免或减少危险性很大的动火作业，满足油库安全检修需要，经过多年的研究和实践，总结了多种不动火修补技术。油库常用不动火修补技术主要有：法兰堵漏法、螺栓堵漏法、胶黏剂（补漏剂）修补法、弹性聚氨酯涂料修补法、用钢丝网混凝土（或水泥砂浆）修补法、应急堵漏法等。

国产胶黏剂品种很多，主要有环氧树脂胶黏剂、聚氨酯胶黏剂，还有各种快速耐油堵漏胶等。其中较为常用的是环氧树脂玻璃布修补法。近年来，ZQ-200型快速耐油堵漏胶，以其良好的性能，在封堵油罐、油桶、油箱的渗漏方面取得了满意的效果。

一、法兰堵漏法

法兰堵漏法适用于罐底局部腐蚀穿孔的修补，如图4-6所示。其步骤是：

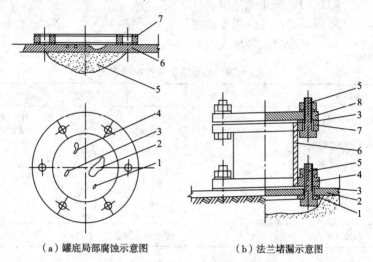

（a）罐底局部腐蚀示意图　　　　　（b）法兰堵漏示意图

图4-6　罐底局部腐蚀穿孔法兰堵漏示意图

1、3、4—腐蚀部位；2—全部腐蚀穿孔； 5—浸湿油品的部位；6—罐底钢板； 7—堵漏下法兰	1—半圆法兰垫；2—油罐底板 3—橡胶 石棉垫；4—堵漏下法兰 5—螺栓；6—短管 7—堵漏上法兰；8—法兰盖板

第一步，腾空清洗。

使其符合进罐作业的安全卫生要求。

第二步，检查定位。

检查罐底腐蚀情况，标出可用法兰堵漏法修补的部位。按法兰的内孔尺寸应比腐蚀穿孔部位边缘大20～30mm的要求，确定适合的法兰尺寸。

第三步，加工零件。

按选定法兰尺寸加工或购置堵漏所需法兰短管、半圆法兰垫板、法兰盖板、橡胶石棉垫等零部件。

第四步，切除腐蚀穿孔部分。

当罐底厚度小于4mm堵漏时，应切除腐蚀穿孔部分。其方法是用手摇钻，沿法兰内缘连续钻直径 $\phi 6 \sim 8mm$ 的孔（边钻边加油）。

第五步，钻法兰连接孔。

按法兰盖板螺孔相应尺寸在罐底上用手摇钻钻孔。去除被腐蚀板，挖掉被油浸的沥青砂。其空间以能安设半圆垫板方便为度。

第六步，安装法兰短管。

安装法兰短管，（短管长以能装上螺栓为准，一般不超过100mm），在罐底板下加半圆垫板，在法兰与罐板间加橡胶石棉垫，拧紧所有螺栓。在法兰周围筑高于螺栓的土堤，加煤油至淹没螺栓，检查连接部位密封性。如有渗漏，找出原因处理。

第七步，回填堵口。

用沥青砂向短管内回填捣实。在法兰盖板和法兰短管螺孔以内涂上煤油，加橡胶石棉垫，安上法兰盖拧紧所有螺栓，在连接缝处抹上粉笔检查密封性。

第八步，注意事项。

（1）罐底板厚度大于4mm时，可以不切除罐底腐蚀板，不加半圆垫板，直接在罐底板上钻孔、攻丝，用双头螺栓安装法兰短管。

（2）腐蚀部位如在焊缝上或罐底搭接附近时，法兰与罐底结合处不易密封，不宜采用此方法堵漏。

（3）应用法兰堵漏时，也可根据当时当地的具体情况，去掉法兰短管，直接将法兰板与罐底连接堵漏。

（4）检查密封性时，如条件允许用真空法检漏比较安全。

二、螺栓环氧树脂玻璃布修补法

螺栓堵漏适用于罐底、罐壁和罐顶的腐蚀或机械损伤较小

（长度或直径小于50mm）的孔洞修补，如图4-7所示。开孔定位及零件加工步骤如下：

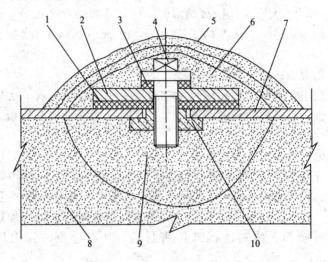

图4-7 螺栓堵漏示意图

1—橡胶石棉垫片；2—钢压板；3—橡胶石棉垫片；4—特制压板螺杆；
5—玻璃布和补漏剂；6—环氧腻子；7—罐底板；8—沥青砂垫层；
9—回填沥青砂；10—特制钯钉螺母

第一步，开孔定位及零件加工。根据罐底板腐蚀损伤情况，用手摇钻钻一长方形孔洞，其大小恰好能将特制的钯钉螺帽放到罐底下。开孔后将孔处的沥青砂挖出。根据孔洞形状和大小加工钢压板（压板与罐板接触宽20～30mm）、特制钯钉螺母和压板螺杆、橡胶石棉垫片。将罐底板孔口周围除锈至见到金属光泽。

第二步，安装压板。将特制钯钉螺母放至罐底板下，并用细铁丝吊起，用沥青砂填满空隙，垫起特制钯钉螺母，去掉铁丝。在孔口周围涂1～1.5mm厚的胶黏剂，如白铅油、洋干漆、环氧树脂补漏剂等。然后将橡胶石棉垫片、压板分别放在孔口上（压板孔对正特制钯钉螺母口），再将压板螺杆轻轻拧入特制钯钉螺母中，对正后拧紧。

第三步，涂刷补漏剂。压板装好后，清除周围的赃物，用环氧腻子将压板、压板螺杆周围填补成弧形；涂厚 2.5 ~ 3mm 的环氧树脂补漏剂，贴一层玻璃布；再涂厚 2 ~ 2.5mm 的补漏剂，贴一层玻璃布，再涂 2 ~ 2.5mm 的补漏剂。贴玻璃布时应平整、无皱折、无气泡。

第四步，罐壁、罐顶螺栓堵漏。罐壁、罐顶的机械性损伤孔洞，可用螺栓两边加垫板，涂胶黏剂，用螺母拧紧。然后涂抹补漏剂三道、玻璃布两层修补。这里应注意的是两边加的垫板应有弧度，以保证与罐板接触良好。另外罐板原来厚度大于 6mm 时，可直接钻孔、攻丝，用特制螺杆固定、压紧垫板，再用补漏剂处理修补。

三、环氧树脂玻璃布修补法

（一）钢板表面处理

（1）表面处理的准备。油罐用胶黏剂补漏时，为减少油压对修补层的剥离力，多从罐内进行修补（罐顶宜从罐外修补）。在实际中，罐底修补最多，也只能从罐内修补。因此首先应腾空油罐清洗，使其达到罐内作业的安全卫生标准。采用真空或检漏剂进行检查，确定渗漏部位，并做好标记。

（2）清洗旧漆和氧化皮。清除钢板上的旧漆、铁锈，擦净表面油污，并用粗砂布将氧化皮打磨掉，显出金属光泽。然后用无水酒精或丙酮擦试清洗，使渗漏孔眼、蚀坑、裂纹显露出来。其清洗范围应比腐蚀面周边大 100mm 左右。

（3）刮腻子堵漏孔和蚀坑。如有较大的孔眼和蚀坑，应用软金属将孔眼填堵，略低于罐底板；如有裂纹，应在其两端钻直径 $\phi 6 \sim 8mm$ 的止裂孔，并将孔用软金属填堵。然后用灰刀将环氧腻子（其配方见表 4 - 21）刮在腐蚀部位填堵孔眼、蚀坑、裂纹，并向四周抹开，使之与金属紧密结合。

（二）涂刷补漏

用胶黏剂补漏通常是胶黏剂与玻璃布（含帆布、棉布等）

交错涂贴，采用三胶二布或四胶三布进行补漏（布层太多易脱落）。现以环氧树脂玻璃布补漏为例说明胶黏剂补漏法。

表4-21 环氧腻子配方 g

原料名称	环氧树脂	正丁酯	乙二胺	丙酮	石灰粉
数量	100	10	6	3~5	20~30

注：环氧腻子配方较多，这里只举一例。

（1）环氧树脂补漏剂配制。环氧树脂补漏剂的配方有多种，表4-22列出两种。配制时，先将环氧树脂倒入容器（不易倒出时可用水浴加热），加入稀释剂搅拌均匀，在涂刷前再加乙二胺搅拌均匀。因丙酮易挥发，乙二胺容易凝固，所以每次配制不应太多，能1h用完为宜。

表4-22 环氧树脂补漏剂配方 g

原料名称	黏结剂	固化剂	稀释剂	
	环氧树脂	乙二胺	二丁酯	丙酮
配方一	100	10	20	
配方二	100	10~15		15~20

注：（1）常用国产双酚A型环氧树脂

　　E—44，6101 软化点：12~20℃，环氧值：0.41~0.47；

　　E—42，637 软化点：21~27℃，环氧值：0.38~0.45；

　　E—35，638 软化点：20~35℃，环氧值：0.30~0.40。

（2）常用胺类固化剂

　　乙二胺：无色透明液体，常用量：6%~8%，固化条件常温2天；

　　二乙烯三胺：无色透明液体，常用量：8%~11%，固化条件常温2天；

　　三乙烯四胺：棕色液体，常用量：10%~14%，固化条件常温2天；

　　四乙烯五胺：棕色液体，常用量：11%~15%，固化条件常温2天；

　　多乙烯多胺：深棕色黏稠液体，常用量：14%~15%，固化条件常温2天；

　　已二胺：无色透明固体，常用量：12%~15%，固化条件常温2天；

　　间苯二胺：深琥珀色结晶体，常用量：14%~16%，固化条件120~150℃2h。

（3）常用增塑剂

邻本二甲酸二丁酯：常用量：5%~10%；

二辛酯：常用量：5%~10%；磷酸三丁酯：常用量：5%~10%；

磷酸三甲酚酯：常用量：5%~10%。

（4）稀释剂

苯、甲苯、二甲苯、丙酮、甲乙酮、环乙酮等。

（5）常用填料

二氧化钛、氧化铝、氧化铁、氧化铅等。

（6）常用骨料

玻璃丝布、棉布、金属丝网。

（2）布料处理。玻璃布、帆布、棉布等表面一般都含有水分，或者粘有浆料、油脂等而影响补漏质量。所以，布料宜进行烘干处理，如置于200℃恒温箱中保持30min。

（3）涂贴补漏。涂刷厚1~3mm的环氧树脂补漏剂，立即贴一道玻璃布，并压紧、刮平、排除气泡；再涂刷厚1~1.5mm的环氧树脂补漏剂，再贴一道玻璃布，最后再涂刷一层环氧树脂补漏剂。

（4）检查防腐。修补层一般经一昼夜则基本固化，用真空法检查无渗漏后，即可进行防腐处理，（也可不防腐处理）。

（三）注意事项

（1）补漏剂配制时，配方应准确，投料顺序不能错，以保质量；配制的补漏剂应不断搅拌，以防固化；气温低时可用30℃左右的水浴保温。

（2）修补面积应大于腐蚀面积，每边大30~40mm；后贴的玻璃布应大于前一层玻璃布，以保证与钢板结合平缓，受力均匀，粘贴牢固。

（3）施工人员应明确分工，动作迅速，补漏剂宜现配现用，尽量缩短放置时间，以防凝固失效。

（4）稀释剂易挥发、有毒，施工中不得直接接触，并应加强通风，防止人员中毒。

（5）修补面腐蚀严重，钢板余量较薄或有蚀孔时，可先粘贴0.1~0.15mm的不锈钢板或者1~2mm的钢板后再用补漏剂处理。加垫的不锈钢皮或钢板尺寸应比孔洞或钢板厚度减薄部分大 40mm 左右，保证与被修钢板接触良好，并采取压紧措施，待固化后再行补漏。

四、ZQ - 200 型快速堵漏胶的使用

这种胶除用于油罐、油桶、油箱渗漏修补外，还可用于仪表、竹木、陶瓷、工艺品和其他物品的黏接。其特点是耐油性好，附着力强，固化快(常温 5min)，使用温度范围宽(- 30 ~ 120℃)，并可带油堵漏。修补程序是：表面处理—调制胶浆—涂刷胶浆。

(一)表面处理

被修补储油容器表面处理分两种情况，其一是小容器，强度要求不高的油桶等，只需清除表面油污、旧漆、铁锈，擦拭干净即可；其二是储油容器较大，强度要求较高的储油罐，应清除表面油污、旧漆、铁锈，并见到金属光泽，用丙酮等溶剂擦拭干净。

(二)调制胶浆

将甲、乙、丙三组分按体积 1 : 1 : 0.5 比例放入调制容器中，再加入适量复合填料搅拌均匀即成。

(三)涂刷胶浆

当渗漏点较大，渗漏严重时，先用少量较稠的胶浆强行堵住，用指压使其固化，后再用较稀的胶浆涂刷漏点至不渗为止。也可在胶浆层中加贴 2 ~ 3mm 棉布的方法予以加强。涂刷的胶浆在常温下 2 ~ 3min 自行固化。固化过程中应防止不必要的外力，以保证修补强度。

五、弹性聚氨酯涂料修补法

弹性聚氨酯涂料以其耐水、耐油，防渗性能好，附着力强，以及有一定伸长性和强度，能与钢板共同变形等优良性能，成

为油罐防腐、不动火修理的理想涂料。该涂料适用于油罐大面积修复和局部修补，对于焊接质量差造成渗漏，漏点又难查出时的涂刷补漏尤为方便。

（一）涂层的组合形式及性能

弹性聚氨酯修复，由耐水性能好、附着力强的聚醚聚氨酯底层及耐油、防渗性能好的弹性聚氨酯面层涂料组合而成。局部修补罐底、焊缝、孔洞时，为提高底层与面层间的黏附力，可在底面层间增涂一道过渡层；被修补面因腐蚀而有麻点时，应用弹性聚氨酯腻子刮平。

1. 涂层的组合

涂层的组合见表4-23。

表4-23　弹性聚氨酯涂料修复油罐的涂层组合

使用部位	涂层组合		
	底层	过渡层	面层
罐底局部孔洞、焊接处、接管处等部位	甲组分（聚醚预聚物）和乙组分（环氧树脂铁红色浆）按比例配制	底层涂料与面层涂料按质量比配制	聚氨酯预聚物和固化剂按比例配制。分灰、白两色，交替使用，以防漏刷

2. 涂料配制

（1）底层涂料根据需要量按质量比混合，搅拌均匀。

（2）面层涂料，先将乙组分用乙酸乙酯配制30%的溶液，即将30份质量的乙组和70份质量的乙酸乙酯于干净的容器中，用水浴加热（加温一般不宜超过70℃）至乙组分完全溶解（液体呈透明桔红色或茶色）。再将甲组分与配制的乙组分溶液按质量比混合搅拌均匀。

（3）过渡层涂料是由底层涂料和面层涂料按质量比混合，搅拌均匀。

（4）弹性聚氨酯腻子是将适量的滑石粉加入底层涂料中调制成膏状物。

(5)涂料配比见表4-24。

表4-24　弹性聚氨酯涂料各涂层比(质量比)

底层涂料	面层涂料	过渡层涂料	腻子
甲组分：乙组分	甲组分：乙组分溶液	底层涂料：面层涂料	底层涂料
1:1.5	10:3	1:1	加入适量滑石粉

3. 涂料和涂层性能

涂料和涂层性能见表4-25。

表4-25　弹性聚氨酯涂料和涂层性能

涂层类	涂料性能	涂层性能
底层	(1)固体分含量不低于65% (2)在25℃条件下,有效使用时间为4h (3)在10℃以下,相对湿度95%以下,能正常施工且固化成膜 (4)甲、乙两组分在25℃下,可密封存储1年。	(1)外观平整、光滑 (2)硬度(25℃、3天后):0.5 (3)冲击(25℃、3天后):正反都通过50N·m (4)弹性(25℃、3天后):1mm
面层	(1)固体分含量不低于60% (2)在25℃条件下,有效使用时间为2h (3)在10℃左右,相对湿度95%以下,能正常施工且固化成膜 (4)聚氨酯预聚物在室温下,密封储存期为2年左右	(1)外观平整、光滑 (2)伸长率为500%左右 (3)与聚醚聚氨酯底层的黏附力:11kgf/2.5cm左右 (4)扯断强度在20MPa以上 (5)耐油性能:常温下浸泡于66号车用汽油或1号喷气燃料中1年,其伸长率和扯断强度基本无变化,增重百分率分别为4.54和2.37 (6)对油品污染性能:以实际卧式油罐容量与涂层表面积之比,将涂层表面积扩大15倍,即取表面积为15cm² 的试片,在室温下分别浸泡于200mL 的上述两种油中,1年后测定油品实际胶质含量均符合标准规定

（二）修补程序和工艺

弹性聚氨酯涂料修复油罐按以下程序和工艺进行。

（1）腾空油罐，经清洗和通风换气达到入罐作业的安全卫生要求。

（2）清除钢板表面的油污、旧漆和浮锈，用二甲苯或醋酸乙酯擦试干净。

（3）如罐底板局部锈蚀穿孔，用软金属堵塞孔洞，填入孔洞的软金属应凹于钢板表面。如孔洞较大时应粘贴加强钢板，加强钢板厚以 1 ~ 2mm 为宜，直径比修补的孔洞直径大 40mm 左右。其方法是：除去钢板两面浮锈并用溶剂擦试干净，将底层涂料涂刷于加强板的一面和被加强孔洞部位，放置 30min 左右，涂料中溶剂基本挥发完后，将加强钢板贴于被加强孔洞部位，并用力压实。

（4）涂刷第一道聚醚聚氨酯底层涂料。

（5）用弹性聚氨酯腻子填平焊缝、蚀坑、孔洞以及凸凹不平的部位，腻子应刮抹平整。

（6）涂刷第二道聚醚聚氨酯底层涂料。

（7）修补罐底、焊缝、孔洞时，尚应涂刷过渡层涂料。

（8）涂刷弹性聚氨酯面层涂料 2 ~ 4 道。

（9）施工结束后，涂层经 20 ~ 30 天固化时间，油罐即可装油。

（三）注意事项

（1）修补罐壁、焊缝、孔洞时，一般应间隔 8h 涂刷一道。修补罐底应在前道涂料基本干固后才能涂刷下一道涂料，即踩踏涂层基本不粘脚为宜，约需 24h。

（2）面层涂料是耐油、防渗层，是修补质量的关键。涂刷应力求均匀，不漏刷、流挂。可灰、白两色涂料交替涂刷，防止漏刷。

（3）底、面层涂料的预聚组分能与水发生反应。因此，装预聚物的容器应封口存放。

（4）底、面层涂料具有一定的有效使用时间。因此，每次配料量应根据施工时的气温、施工人员多少，做到现用现配，防止失效浪费。

（5）碱、胺、醇、水等能引起底、面层涂料胶凝，配制、涂刷时应严防混入。

（6）配料和涂刷使用的工具应及时清洗干净。

（7）涂料中的有机溶剂具有一定的刺激性和毒性，且易燃易爆，施工时应采取通风、人员防护、严禁火源的安全措施，照明设备必须使用隔爆型，且按1级爆炸危险场所选用。

（四）弹性聚氨酯涂刷油罐施工用料、工时及工具参考表

弹性聚氨酯涂刷油罐的施工用料、工时、工具与各单位的施工条件、技术熟练程度及管理水平有关，现根据几个单位的实际数据综合分析，列出弹性聚氨酯涂料油罐施工用料、工时及工具数量，见表4-26～表4-29，仅供参考。

表4-26 每涂刷1000m² 涂层所用材料 kg

材料名称	数量	备注
弹性聚氨酯	1000	灰、白色各半
MOCA	105	
环氧树脂	200	
乙酸乙酯	500	
K-54	3	
乙二胺	20	
白灰黑	0.5	
滑石粉	5	
水泥	100～200	修补金属罐不用水泥

表4-27 4000m³ 卧式混凝土内涂弹性聚氨酯油罐施工工时参考表

工序名称	顶、壁用工时/工日	罐底用工时/工日	罐内总面积/m²	单位面积工时/（工日/m²）
施工准备	511			
砼表面处理	276	60		
涂刷底层	79	25		
刮腻子	574	7		
涂层面层	333	82		

工序名称	顶、壁用工时/工日	罐底用工时/工日	罐内总面积/m²	单位面积工时/（工日/m²）
处理伸缩缝	96	29		
配料	70	27		
辅助	150	31		
小计	2089	261		
合计	2350		2000	1.175

表4-28 2000～3000m³混凝土内涂弹性聚氨酯油罐施工工具参考表

名称	单位	规格	数量	备注
刮腻子刀	把		10	
油漆刷	把	4″	30	涂刷底、面层用
油漆桶	个	小圆桶	30	涂刷底、面层用
防爆灯	个	100～200W	6	照明用
钢丝刷	把		5	清理罐内表面
席子	张		10	铺罐底供蹬踩用
扫帚	把		10	清扫罐内用
擦布	kg		5	清理罐内表面用
棉纱头	kg		5	清理罐内表面用、擦手
干湿温度计	个		2	罐内外测温用
口罩	个		30	操作人员用
布袜子	双		30	操作人员用

表4-29 涂料配制用具参考表

名称	单位	规格	数量	备注
磅称	台	称量100kg	1	称料用
台称	台	称量5kg	1	称料用
天平	架	最大称1000g，感量1g	1	称料用
玻璃温度计	个	0～100℃	1	
油抽子	个		1	抽乙酸乙酯用
大缸	个		2	配料用
恒温水槽	个		1	加温用
水舀子	个		3	配料用
筛子	个	60目	1	过滤弹性聚氨酯用
水桶	个		4	运配制好的涂料
搅棒	根		4	配料用
棉纱	kg		2	擦洗工具用

六、用钢丝网混凝土(或水泥砂浆)修复油罐

混凝土和水泥砂浆,材料普通,来源广泛,施工简单,造价不高,用混凝土(或水泥砂浆)加钢丝网修复油罐也是一种行之有效的土办法。

(一)钢丝网混凝土修复油罐的实例

青岛某油库一个容量为 1600m³ 油罐,在 1945 年年底或 1946 年初,由美孚公司建造。钢板厚 3mm 左右,用螺栓连接,垫有耐油胶垫,罐底有海水垫层。1952 年油罐大修时,改用焊接,到 1958 年罐底锈蚀严重,麻点、锈坑、穿孔很多,无法使用,亦难以用焊补修复,当时就在罐底打了 100mm 厚钢丝网碎石混凝土,装了柴油,经过 20 多年,对罐底再没有进行保养、处理,使用情况良好。1977 年,腾空油罐清洗检查过一次,混凝土表面光滑,一点没有被腐蚀,当时工人施工踩的脚印仍明显可见。

旅顺某油库,一个油罐是在 1921 年建造的铆接钢板油罐。过去发现渗漏,就用铁錾碾缝修补,后来想用焊接来修复。但因焊补时铆钉未除,焊接变形过大而拉裂油罐多处,渗漏严重而不能装油。后来于 1975 年在其罐底打了钢丝网碎石混凝土,先储柴油,后改储燃料油,经十多年未发现问题,使用良好。

(二)钢丝网混凝土(或水泥砂浆)修复油罐的适用范围

(1)修复油罐振动小的部位。

(2)修复油罐潮湿易腐的部位。

(3)钢板贴壁油罐的内表面和离空钢油罐的罐底用混凝土(水泥砂浆)修复最为适宜。

即使修复上述油罐及其振动小的部位,也应设法做些防振处理,使被修复的部位尽量固定不动。

洞式油罐和护体隐蔽油罐的离空罐壁,在收发油时容易振动,不适于用混凝土修复。

（三）钢丝网混凝土（或水泥砂浆）修复罐底的施工方法

（1）放空油料，机械通风，排除油气，清洗油罐。

（2）全面检查油罐内表面腐蚀、渗漏情况，作好记录，装入油罐的技术档案备查。对于待修的罐底焊缝，应逐条逐段用真空盒检漏，找出漏点。

（3）处理罐底基础，使基础消除振动。

对于无砂垫的混凝土基础，原来就不会上下往复振动，则可不做处理。

对于沥清砂弹性基础，就须进行处理。对变形上鼓，可以用脚踩的方法检查离空振动部位，然后在离空部位的中心开个300mm方形或圆形孔洞，由此孔洞填塞沥清砂于罐底，填满空鼓。但也不要填得太多，反使底板受力。

（4）用比开孔稍大一点的钢板，补焊在处理基础时割开的孔洞上，同时焊补罐底钢板漏点。焊补过的地方均应用真空盒检漏合格才行。

（5）清理罐底，除去浮锈，抹掉浮灰，然后刷一道浓白灰浆水或水泥浆水，作为打混凝土前的临时防腐层，否则罐底在打混凝土之前又会生锈，影响以后的防腐效果。

（6）按伸缩缝在罐底放线。伸缩缝是给混凝土热胀冷缩预留的位置，一般2~3m留一条10~15mm宽的缝即可。圆形罐底可如图4-8所示预留米字形伸缩缝，弧长大于3m时，可在两长缝中加短缝。长方形罐底可如图4-9所示预留方格网状伸缩缝。

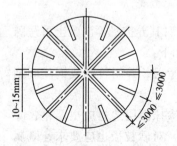

图4-8　预留米字形伸缩缝

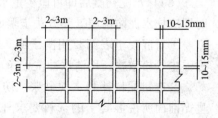

图4-9　预留方格网状伸缩缝

（7）布钢丝网、打混凝土。布钢丝网、打混凝土应按划好的伸缩缝的线一块一块进行。并从距油罐人孔最远的地方开始，逐步向人孔退回。

钢丝网的规格不必严格，钢丝直径 1mm 以上，网间距 40～60mm 即可。钢丝网布在罐底应用小块石垫起，使钢丝网居混凝土层中间。混凝土的配料拌和要严格掌握，这对施工质量影响较大。

混凝土中的水泥应选用存期短、性能好，400 号以上普通硅酸盐水泥。

混凝土中的砂子，选中粗砂，含泥量要少，并要用水冲洗。

混凝土中的石子，选用粒径为 10～20mm 的碎石，且片状石要尽量少。

混凝土中的水量要掌握好，水灰比要适中，一般为 0.5，尤其水不能多。

混凝土按 200 号配制，其水泥∶砂子∶石头的比 为 1∶1.8∶3.9。

配好料后，搅拌要均匀。可以在罐外用机械搅拌，但运到罐内还应用人工搅拌后再倒在指定的部位，振捣抹平。振捣要尽量密实，抹平时第一掌握好混凝土设计厚度；第二掌握罐底排水排污坡向坡度。要用经纬仪测量，在罐壁上划出水平线，然后用尺量，在罐壁划出罐底的坡度线来。

混凝土的厚度有 6～8cm 即可，太薄了不好施工，钢板和钢丝网的保护层也不够。但太厚了也没有必要，反而费料费工，提高了造价。

（8）抹水泥初凝后即可撒少量水对其养护，等混凝土可蹬踩时即应抹水泥防渗层。其方法步骤如下：

①对混凝土表面要用凿子或斧錾毛，并用竹刷或钢丝刷刷去浮尘等松散物，用清水冲洗干净。

②选料配料拌和水泥砂浆。防渗抹面层选料应更严格，除遵循前面所说混凝土的选料要求外，对砂粒径也应要求，既属中砂，但粒径又不得大于 3mm。水泥最好选用存期短的 500 号

硅酸盐水泥，两种不同品种的水泥不得混用，因为混用水泥会造成抹面鼓裂。

水泥和砂的比例对防渗有很大关系。水泥用量多了，硬化时收缩量大，容易裂纹。砂子用量过多，水泥填充不了全部砂子的空隙，防渗性就差。根据国内的试验经验，水泥和砂子的质量比以 1:2.5 为宜。水以水泥质量的 45%～55% 为合适。拌和时，应先将水泥和砂子干拌，然后加水湿拌 3～5 遍，拌得越匀越好。每次拌和量以 45min 用完为宜。

③在混凝土表面先刷水泥浆，然后再做水泥砂浆抹面，在两层抹面间，也要刷水泥净浆，这可以加强两层间的结合力。净浆中水泥和水配合的质量比为 1:(0.4～0.5)。要求边刷边搅拌，以免水泥沉底。

④抹水泥砂浆面层。水泥砂浆抹面，一般抹 3～5 遍，遍数太多，反而会不好。因为水泥干了有收缩特性，越干收缩越大，抹面层数越多，内外层抹面的收缩量相差就越大，这样就容易因内外干缩量不一致而引起离鼓。

抹面的厚度不宜太厚，厚了除浪费材料外还不易压实。一般每层厚度控制在 5mm 左右，3～5 遍总共厚为 2～2.5cm 左右可满足防渗要求。

实践证明，防渗的效果好坏，不在于多抹几遍或抹厚一点，而在于抹面质量和保温程序的好坏，所以一定要掌握好操作方法。抹面时一定要用力向一个方向抹压密实，并把砂浆内的空气赶走，不能来回抹，这样容易产生气泡。如发现有气泡，要及时捅破，然后压实。待抹面初凝后(即看到表面不发光亮)，就开始用铁抹子分几次抹压，但要注意每次抹压时用力不要太大，不要在一处来回过多地揉压，以免起皮。抹压完了，最后还要用木抹搓成麻面，以利和第二遍抹面结合。等每遍抹面用手按时有硬的感觉，但用力按时又有指印，就可以抹第二遍。第二遍以及以后几遍的操作方法同于第一遍，只是在最后一遍不再用木抹搓毛，而是应用毛刷扫毛，以利于与涂料结合。如果表面不再涂涂料，则不能用毛刷扫毛。

(9)继续养护混凝土和水泥防渗层。这是保证混凝土质量的重要一环。在水泥防渗层初凝以后，就在其表面撒少量水进行保养。等人可以踩时，可以进罐内在其混凝土表面盖草垫撒水养护。养护时间一般不少于14天，最好养护28天以上。

布钢丝网、打混凝土、养护、做防渗层等几道工序是有机的联系，不能间隔时间长，要一块块连续进行，否则会影响施工质量。可以按伸缩缝分区同时施工几块，几道工序顺次穿插进行。

(10)检查修补水泥防渗层表面。在撒水养护的同时，尚应随时检查观察水泥防渗层表面的整体性、密实度。发现原来施工缺陷或凝固过程中的裂纹，须及时用水泥浆修补。质量很差的要将整片伸缩缝区域内的防渗层全部打掉，重新做水泥防渗层。

(11)填充伸缩缝。伸缩缝内应填充耐腐、防渗、与钢板粘贴力强的柔性材料。选用丁腈橡胶的混炼胶浆，或选用弹性聚氨酯涂料等都可以，可按油库购料情况和习惯用料选用。

(12)刷水泥-帝畏清漆耐油涂料。水泥-帝畏清漆，可以与水泥抹面牢固结合，较好地联合起来进行防渗。水泥-帝畏清漆对抹面又有保护作用，防止水泥抹面内水分较快蒸发，减少抹面干缩，增强抹面的抗渗能力，同时水泥-帝畏清漆本身是耐油、耐水的防渗涂料，因此水泥抹面上再涂这种耐油涂料大有好处。当然油罐本身若没有渗漏，打混凝土或水泥砂浆的目的主要是钢板防腐，这种情况，可以不再加涂水泥-帝畏清漆。这种涂料是水泥与帝畏清漆两种材料配制而成的，两者的质量比为1:0.5~0.8。配制时，将帝畏清漆徐徐倒入水泥中，进行充分地搅拌。漆的用量可以根据它本身稀稠程度而作适当调整，直到便于涂刷为准。每次拌和量以在20~30min内用完为宜。涂刷时，如抹面上有水点，应用干布擦干。涂刷涂料要薄而匀。刷完第一遍后到不粘手时就可以开始刷第二遍，这样连续刷四遍。每两遍的间隔时间不要太长，以免积聚较多冷凝水，影响粘贴质量。

因为帝畏清漆中含有易燃、易爆、有毒的成分，所以在涂刷施工中要注意安全，注意防毒、防火。罐内要加强通风，进罐操作人员要戴上装有二号活性炭的防毒口罩。出汗时不要进罐操作，皮肤也不要直接接触涂料。每次操作时间不要过长，隔 20～30min 就要出罐休息一次。作业完毕要洗澡。

近几年来，混凝土表面的防渗材料有不少新产品，选用时可根据当地的货源情况、使用实践酌情考虑。

七、应急堵漏的方法

当油罐、油管出现渗漏，一时又无动火和不动火修补条件，可采用应急方法堵漏。如用凿子挤压封堵轻微渗漏的小裂纹、小砂眼；用软金属填补砂眼；用管卡或管箍垫耐油橡胶胶片封堵油管漏油；甚至还可用橡胶片拉紧缠绕油管然后用铁丝梆扎堵漏。这些临时性堵漏方法，可减少或防止油品漏损，可为油罐、油管渗漏的修补创造条件、争取时间。如位于边缘山区的油库，或者战争、抢险救灾等特殊条件下，应急堵漏方法的应用尤为重要。所以，注意研究总结应急补漏方法，制作准备一些堵漏简便器材，以满足油库安全检修需要是值得注意的问题。

近几年已有应急堵漏的科研成果，并逐步定型装备油库。

第四节　油罐的技术鉴定

油库油罐的技术鉴定应遵循行业《油库设备技术鉴定规程》第 2 部分：油罐的规定，现将主要内容摘编如下。

一、鉴定内容

(一)技术资料

(1)油罐设计、施工、验收、投用、运行和维修的全部技术资料。

(2)油罐在上一检定周期的容积检定报告及证书。

(二)外观检查

(1)油罐及其附件的规格及结构等标识。

(2)油罐基础水平度、罐底边缘板平整度、油罐基础和排污放水装置周围油污状况。

(3)罐身和罐顶外观形状、外部涂层、钢板和焊缝缺陷等。

(4)油罐附件外观状况、安装及连接牢固度和严密性等。

(三)罐体及罐基础检查和测量

(1)罐体及罐基础几何尺寸和基本状况。

(2)罐体倾斜度、罐基础沉降量、变形和不均匀沉降分布状况。

(四)罐顶和罐壁厚度及缺陷测量和校核

(1)钢板厚度和腐蚀深度。

(2)腐蚀面积和局部变形。

(五)罐底板厚度及缺陷测量和校核

(1)钢板厚度和腐蚀深度。

(2)腐蚀面积和凹凸变形。

(六)油罐附属设施和附件检查

按照相关技术标准对油罐附属设施和附件逐一进行检查。

二、鉴定器具

鉴定器具见表4-30。

表4-30 鉴定器具

序号	名 称	精度和技术要求
1	钢板测厚仪	测量范围：1.5～200mm；精度：±(0.5% H+0.1)mm
2	涂层测厚仪	测量范围：0～1200mm；精度：±(0.3%H+1.0)mm
3	接地电阻测量仪	测量范围：0.00～19.99，20～199.9Ω
4	可燃气体浓度检测仪	精度：±0.5%；检测范围：0～10LEL/0～100LEL；响应时间：<3s
5	径向偏差仪	±1mm
6	水准仪	±3mm
7	经纬仪	±0.52″
8	真空表	2.5级
9	弧形样板	弦长≥1.5m，曲率半径与被鉴定罐身或罐顶曲率半径相适应
10	直线样	长度等于1m
11	放大镜	5～10倍
12	深度游标卡尺、焊缝尺	±0.05mm
13	钢卷尺	1级
14	铜质小锤、除锈工具、防爆工具	检查专用
15	直尺、重锤、拉线	测量专用

注：H—被测材料厚度，mm。

三、鉴定程序和方法

（一）技术资料和外观检查

（1）核查油罐设计、施工、验收、使用、运行和维修的全部技术资料。

（2）对油罐整体外观作目视检查，并对下列部位进行重点检查：

①罐顶与罐壁连接部位及其附近区域；

②罐壁与罐底连接焊缝及其附近区域；

③罐壁底层圈板及其纵焊缝；

④油罐各主要部件及附件易受损部位；

⑤附件与罐体连接部位的附近区域及其连接焊缝。

（3）对发现疑点部位，除去锈层或涂层等覆盖层，用放大镜进行检查，将缺陷的位置和类型填入《油罐技术资料和外观及整体检验记录表》（格式见表4-31），并标注在罐壁展开图上。

表4-31　油罐技术资料和外观及整体检验记录表

油罐编号		工作压力	正压		检验日期	
			负压			
油罐规格		储存介质			技术资料	全/否
底圈罐壁直径/m		环境状况			检验负责人	
结构形式						
序号	检查部位	涂层状况	缺陷位置	缺陷类型	备　注	
测量位置		1	2	3	$4n-1$	$4n$
罐体倾斜度/%						
基础沉降量/mm						

（二）罐体及罐基础测量

1. 罐基础高程测量

（1）地面罐基础高程测量；

（2）隐蔽罐基础高程测量；

（3）罐内底板高程测量。

2. 罐体倾斜程度测量

（三）罐顶和罐壁厚度及缺陷测量

（1）对整个罐顶和罐壁进行表面目视检查，并重点检查下列部位：

①已发现缺陷部位；

②罐壁下部第一、二层圈板；

③人孔和进出油短管等附件开孔加强板及其附近区域；

④沿旋梯附近区域。

（2）板厚及腐蚀检测。

（3）变形测量：用水平尺、直尺、卷尺、样板和卡尺测量变形区域沿圆周方向和竖轴方向尺寸及凹陷深度或凸出高度，将测量结果填入《罐顶板和罐壁厚度及缺陷检测核验表》（格式见表4-32）。

表4-32 罐顶板和罐壁厚度及缺陷检测核验表

油罐编号					检测日期				
罐顶结构形式					检测负责人				
罐顶矢高/mm									
编号	检测部位	原始厚度/mm	实测厚度/mm	缺陷类型	缺陷沿竖轴方向长度/mm	缺陷沿圆周方向长度/mm	缺陷深度或高度/mm	缺陷面积/m²	校核结果

（四）罐底板厚度和缺陷测量

（1）对整个罐底进行表面目视检查，并对下列部位进行重点检查：

①罐底外边缘向内1m的全部区域；

②进出油短管端部下方及其附近2m半径范围内；

③排污装置附近2m半径范围内；

④发现疑点部位，除去锈层或涂层等覆盖层，用放大镜进行检查，并对缺陷部位做明显标记。

（2）板厚及腐蚀检测。

（3）变形测量：用水平尺、直尺、卡尺和卷尺测量变形区域沿罐底直径方向和同心圆圆周方向尺寸及凹陷深度或凸出高度，并将测量结果填入《罐底板厚度及缺陷检测核验表》(格式见表4-33)。

表4-33　罐底板厚度及缺陷检测核验表

油罐编号			检测负责人及日期			
中幅板原始厚度/mm			边缘板原始厚度/mm			
同心圆编号	测点或缺陷编号	实测板厚/mm	缺陷沿直径方向长度/mm	缺陷沿同心圆周方向长度/mm	缺陷深度或高度/mm	校核

(五)油罐主要附件检测

(1)油罐呼吸阀、液压安全阀按照 YLB 07—2001 规定进行检测。

(2)油罐进出油阀门和排污放水阀门按照 YLB 25.6—2006 的规定进行检测。

(3)检查量油孔、人孔、操作平台及旋梯、排污放水装置等附件完好状况。

(4)汇总附件检测结果,填入《油罐附件检测记录表》(格式见表4-34)。

表4-34　油罐附件检测记录表

油罐编号			检测日期				
编号	附件名称及规格	前次检测时间	安装及外观状况	连接状况及严密性	整体状况	检测人	说明

四、等级评判条件

按照 YLB25.1 的规定确定油罐分级。

(1)符合下列条件之一者为一级：

所有技术指标均符合表4-35～表4-38及GB 50341—2014规定的为一级。

表4-35　圈板麻点深度允许最大值　　　　　mm

钢板厚度	3	4	5	6	7	8	9	10	12
麻点深度	1.2	1.5	1.8	2.2	2.5	2.8	3.2	3.5	3.8

表4-36　顶板和圈板凹凸变形允许最大值　　　　　mm

测量距离	1500	3000	5000
偏差值	20	35	40

表4-37　圈板折皱高度允许最大值　　　　　mm

圈板厚度	4	5	6	7	8
折皱高度	30	40	50	60	80

表4-38　罐底余厚允许最小值　　　　　mm

底板原厚度	4	>4	边缘板厚度 t
允许余厚	2.5	3	$0.7t$

(2)符合下列条件之一者为二级：

①外观标识或技术资料不完整；

②一项技术指标不符合表4-35～表4-38及GB 50341—2014规定；

③附件之一状态不符合其技术标准规定；

④底圈罐壁任意水平面上直径偏差大于26mm；

⑤罐壁局部凹凸度大于13mm，拱顶局部凹凸度大于15mm；

⑥1/3面积以下罐体钢板存在腐蚀，其深度不超过表4-35规定值的点腐蚀；

⑦罐体倾斜度超过4‰或铅垂偏差值超过50mm，罐底板局部凹凸变形大于变形长度的2%或50mm。

（3）符合下列条件之一者为三级：

①罐体1/3面积以上的钢板存在腐蚀，且腐蚀深度不超过表4-35规定值的点腐蚀；

②罐体倾斜度超过1%；

③罐体沿周边每9m的沉降量差值大于50mm；

④罐体圈板纵横焊缝及底圈角焊缝存在连续针眼或裂纹，或钢板表面存在深度大于1mm的伤痕；

⑤顶板或圈板凹陷、鼓包偏差或折皱高度超过表4-36、表4-37规定值，或罐底板出现面积为$2m^2$以上、高度超过150mm的凸出或隆起；

⑥1/3面积以下的罐底板存在腐蚀深度超过表4-38规定值，或罐底边缘板存在腐蚀深度超过原板厚30%以上的坑蚀；

⑦存在一处以上的检测结果超过表4-35～表4-38允许值；

⑧罐内受力支撑杆件断裂、弯曲或脱焊，或所有附件连接处垫圈老化，或两处以上紧固螺栓无效，或人孔、进出油接合管、排污管等附件及其连接焊缝存在裂纹或其他伤痕；

⑨油罐表面保温层或漆层起皮脱落达1/4以上。

（4）符合下列条件之一者为四级：

①罐体1/3面积以上的钢板存在严重点蚀，点蚀深度超过表4-35规定值；

②罐体严重变形受损，1/3面积区域凹凸偏差或折皱高度超过表4-36、表4-37规定值，恢复其形状和性能所需费用为更新费用的50%以上或无法修复；

②全部检测结果均超过表4-35～表4-38规定值。

五、鉴定结果及报告

（1）依据各项检测结果记录和等级评判条件确定油罐等级。

（2）汇总核验后的各项评定结果和鉴定结论填入《油库设备技术鉴定报告表》。

第五节 油罐检修及报废

新建油罐检修最长不宜超过10年，在役油罐检修周期一般为5～7年。油罐检修前应由具有相应资格的检测员进行现场调查，做出检测报告，委托具有相应油罐设计资质的设计单位进行设计，由具备油罐检修资格的单位施工，并制定油罐检修技术方案，由设备主管部门批准后进行。

一、油罐检修周期

（一）检修周期

油罐检修宜分为小修、中修、大修三种。其检修周期分别为：

（1）小修，每半年至少一次。

（2）中修，当腐蚀速度大于0.5mm/a时，每年一次；当腐蚀速度小于0.3mm/a时，每2～3年一次；当腐蚀速度小于0.1mm/a时，每6年一次。

（3）大修，当油罐结构的某一主要部件因腐蚀、磨损而接近报废程度时，应组织大修。

（二）大、中、小检修的划分

（1）小修，在不进行明火作业的情况下检修油罐顶板、上壁板，检修安装在油罐外部的附件、设备和管线（管件）等。

（2）中修，必须进行油罐的清洗和排除油气；应用焊接方法更换罐壁、罐顶、罐底的个别钢板；去除损坏的焊缝；检修或更换设备、平整油罐基座；各部件和整个油罐的强度和严密性试验；油罐防腐等。

（3）大修，包括中修规定的全部内容，但实施的规模更大一些。如油罐壁板、底板、顶板某些部分的更换，油罐基座（基础）的检修，设备的检修或更换，强度和严密性的试验、油罐内外喷涂防腐漆等。

（三）检修的准备工作

（1）油罐大、中检修之前必须按照《油罐清洗安全技术规程》的规定，进行油罐清洗作业。

（2）油罐动火作业之前，必须按照《石油库动火安全管理办法》的要求，办理"动火作业证"。

（3）检修之前，应做好施工技术装备和作业人员的配置，购置（准备）设备器材等工作。

（4）应与承包单位签订好有关安全和工程质量的合同（或协议）书，并报上级业务部门备案。

二、油罐检测的主要内容与评定

油罐检测前应进行清洗，罐壁内外无油污和其他杂物，罐内油气浓度降到爆炸下限的 4% 以下；根据检测需要对相关部位和焊缝进行除锈，并达到 BSa2 或 BSt2 的标准要求。检测时，打开人孔、采光孔，并进行通风换气。

油罐检测的主要内容有罐体腐蚀及防腐涂层、罐体几何尺寸及变形、沉降观察、油罐附件及油罐充水试验。

（一）罐体腐蚀及防腐涂层检测

为准确反映油罐腐蚀状况，评定油罐质量情况，确定检修部位，腐蚀检测布点和确定检测点数是关键。

1. 腐蚀检测布点

罐体腐蚀检测布点，一般应按以下三种布点方法。

（1）按照排板的每块板布点，一般用于大面积检测。

（2）按照每块板上的局部腐蚀深度布点，主要用于密集点蚀检测。

（3）按照点蚀情况布点，多用于分散蚀点检测。

前两种情况检测每一块钢板和每一块钢板上一个腐蚀区域平均减薄量，后一种情况检测腐蚀比较严重点的腐蚀深度。

2. 检测点的数量

（1）检测点的数量以能较准确地反映被测板的实际平均厚度

为原则，根据油罐不同部位的不同腐蚀情况确定。

（2）一般情况下，一个检测区域（一块板或一块板上的一个局部腐蚀区）用超声波测厚仪或钢板测厚仪检测时，检测点数不应少于 5 个；当平均减薄量大于设计厚度的 10% 时，应加倍增加检测点；检测腐蚀比较严重的点蚀深度时，应根据点蚀分布情况和数量，确定检测点数。

（3）密集蚀点。密集蚀点是指点蚀数大于 3 个，任意两点间最大距离小于 50mm，最大深度大于原设计壁板厚度的 10% 的腐蚀区。

3. 测量并记录

对检测点测量腐蚀面积与深度，并绘制腐蚀平面图，在图上标记腐蚀面积与深度的数字。

（二）罐体几何尺寸及变形的检测

油罐使用多年后，即是未发生过事故，其几何尺寸也可能变化，局部也可能有变形，所以应按规定年限进行检测校核，为核准油罐容积表提供依据。

（三）油罐沉降观察

油罐沉降观察的布点、方法、沉降允许值等，按《立式圆筒形钢制焊接储罐施工规范》GB 50128—2014 的附录 B 执行。

（四）油罐附件检查

油罐附件是保证油罐正常运行、人员操作安全的重要组成部分，因此应定期对其进行检查，检查其功能是否符合要求，动作是否灵活，安装是否牢靠。检查应按相关标准进行。

（五）油罐充水试验

1. 充水试验的检查内容

（1）罐底严密性。

（2）罐壁强度及严密性。

（3）固定顶的强度、稳定性及严密性。

（4）浮顶及内浮顶的升降试验及严密性。

（5）浮顶排水管的严密性。

(6)基础的沉降观测。

2. 充水试验应遵守的五项规定

(1)充水试验前，所有附件及其他与罐体焊接的构件应全部完工，并检验合格。

(2)充水试验前，所有与严密性试验有关的焊缝均不得涂刷油漆。

(3)充水试验宜采用清洁淡水，试验水温不应低于5℃；特殊情况下，采用其他液体为充水试验介质时，应经有关部门批准。对于不锈钢罐，试验用水中氯离子含量不得超过25mg/L。

(4)充水试验中应进行基础沉降观测。在充水试验中，当沉降观测值在圆周任何10m范围内不均匀沉降超过13mm或整体均匀沉降超过50mm时，应立即停止充水进行评估，在采取有效处理措施后方可继续进行试验。

(5)充水和放水过程中，应打开透光孔，并不得使基础浸水。

3. 充水试验中各种检验项目的注意事项

(1)罐底的严密性应以罐底无渗漏为合格。若发现渗漏，对罐底进行试漏，找出渗漏部位后，应按焊缝缺陷修补的有关规定补焊。

(2)罐壁的强度及严密性试验，充水到设计最高液位并保持至少48h后，罐壁无渗漏、无异常变形为合格。发现渗漏时应放水，使液面比渗漏处低300mm左右，并应按焊缝缺陷修补的规定进行焊接修补。

(3)固定顶的强度及严密性试验，应在罐内水位最高液位下1m进行缓慢充水升压，当升至试验压力时，应以罐顶无异常变形，焊缝无渗漏为合格。试验后，应立即使油罐内部与大气相通，恢复到常压。温度剧烈变化的天气，不应进行固定顶的强度及严密性试验。

(4)固定顶的稳定性试验，应充水到设计最高液位用放水方法进行。试验时应缓慢降压，达到试验负压时，罐顶无异常变形为合格。试验后，应立即使油罐内部与大气相通，恢复到常压。温度剧烈变化的天气，不应进行固定顶稳定性试验。

（5）浮顶及内浮顶的升降试验，应以升降平稳，导向机构及密封装置及自动通气阀支柱应无卡涩现象，浮梯转动灵活、浮顶及其附件与罐体上的其他附件应无干扰，浮顶与液面接触部分应无渗漏。

（6）充水试验后的放水速度应符合设计要求，当设计无要求时，放水速度不宜大于 3m/d。

（六）油罐检测与评定

1. 罐底板检测与评定

（1）罐底板检测。

①边缘板的腐蚀检测应包括罐壁外侧延伸部分的边缘板，并测量边缘板外露尺寸宽度。

②中幅板检测时，应特别注意检测由下而上的点蚀。一般应在除锈过程中检查是否有由下而上的腐蚀穿孔出现。

③检测中幅板时，可以少量开孔检查，但一个开孔的面积不大于 $0.5m^2$，且应距离焊缝 200mm 以上。检查完毕后，应按技术要求补板并做真空试漏。

（2）罐底板评定。

①评定标准。

a. 边缘板腐蚀平均减薄量不大于原设计板厚的 15%。

b. 中幅板的平均减薄量不大于原设计厚度的 20%。

c. 密集点蚀的深度不大于原设计厚度的 40%。

d. 罐底钢板应无折角、撕裂。

e. 油罐底板的余厚应不超过最小允许余厚（见表 4-4）。

检测情况符合上述各条规定时，则认为油罐底板可以安全运行；超过时应进行修理。

②当腐蚀超过以上规定时，腐蚀面积大于一块检测板的 50%，且在整块板上呈分散分布时，宜更换整块钢板；腐蚀面积小于 50% 时，应考虑补板或局部更换新板。

③当底板的角焊缝发现针眼渗油或裂纹时，应立即腾空进

行局部修理，不得继续储油；当油罐壁板根部沿圆周方向存在带状严重腐蚀时，应考虑切除严重腐蚀部分并更换边缘板。

④罐底板的局部超过 $2m^2$ 以上的凹凸，或局部凹凸变形大于变形长度的 2% 或超过 50mm 时，应考虑整修。在不影响安全使用时，可适当放宽要求。

2. 罐壁板检测与评定

（1）罐壁板检测。

①罐壁板重点检测内表面底板向上 1m 范围内，外表面为罐壁裸露区，且宜分内外两面检查。

②检测罐体几何尺寸。

③检测罐体凹凸偏差和折皱。

（2）罐壁板评定。

①各圈壁板的最小平均厚度不得小于该圈壁板的设计厚度加大修期腐蚀裕量。

②分散点蚀的最大深度不大于原设计壁板厚度的 20%，且不大于 3mm；密集点蚀最大深度不得大于原设计壁板厚度的 10%，或罐壁板点蚀深度不超过最大允许深度（见表 4-1）。

③罐壁的几何形状和尺寸应符合下列要求。在不影响安全使用时，可适当放宽要求。

a. 罐垂直允许偏差应不大于罐壁高度的 0.4%，且不得大于 50mm。

b. 罐壁板局部凹凸偏差不超过最大允许值（见表 4-2）。

检测情况符合上述各项规定时，则认为罐壁板可以安全运行；超过时，应考虑修理。

3. 罐顶板检测与评定

（1）罐顶板检测。

①罐顶板应先进行外观检查，然后对腐蚀严重处进行厚度检测。

②必要时应进行整体强度和稳定性检测。

③用样板检测变形。

（2）罐顶板评定。

①根据检测结果应进行整体强度和稳定性计算，并据此做出评定。

②对腐蚀严重的构件应单独进行评定。

③罐顶板及其焊缝不得有任何裂纹和穿孔。

④局部凹凸变形，采取样板检测，间隙不得大于15mm，在不影响安全使用时，可适当放宽要求。

检测情况符合上述各项规定时，则认为罐顶板可以安全运行；超过时，应考虑修理。

4. 浮顶检测与评定

（1）浮顶检测。

①浮顶应在进行外观检查的基础上，对明显腐蚀的部位进行厚度检测。

②对单盘上表面应逐块进行厚度检测，单盘下表面采用目测检查，浮舱应逐一检测内外表面的腐蚀情况，必要时应测厚。

（2）浮顶评定。

①单盘板、船舱顶板和底板的平均减薄量不得大于原设计厚度的20%。

②点蚀的最大深度不得大于原设计厚度的30%。

③浮顶局部凹凸变形应符合下列要求，在不影响安全使用时，可适当放宽要求。

a. 船舱的局部凹凸变形应用直线样板检测，不得大于15mm。

b. 单盘板局部凹凸变形应不影响外观及排水要求。

检测情况符合上述各项规定时，则认为浮盘可以安全运行，超过规定时，应考虑修理。

5. 油罐附件检测与评定

（1）附件检测。

①油罐附件检测主要是检测其性能和功能是否满足使用要求。

②开孔接管法兰的密封面应平整，不得有焊瘤和划痕，法兰密封面应与接管的轴线垂直，倾斜不应大于法兰外径的1%，

且不得大于 3mm。

③测量导向管的铅垂允许偏差，不得大于管高的 0.1%，且不得大于 10mm。

④密封装置不得有损伤。

（2）附件评定。

①中央排水管应灵活好用，无堵塞、渗漏现象。

②量油管、导向管的不垂直度和垂直偏差均不得大于 15mm。

③浮顶密封装置（包括一次密封、二次密封）无损坏并能起到密封作用。

④挡雨板和泡沫挡板完好无损。

⑤刮蜡板与罐壁贴合紧密，无翘曲，无损坏。

⑥紧急排水装置无堵塞、渗漏现象，并有防倒溢功能。

⑦罐顶安全阀、呼吸阀、通气阀完好无损，开关正常，阻火器清洁无堵塞。

⑧加热盘管、浮顶加热除蜡装置无腐蚀、无泄漏，满足使用要求。

⑨油罐进出油阀门灵活好用，密封部位无泄漏。

⑩防静电、防雷设施齐全完好，导电性能符合安全技术要求。

⑪消防设施、喷淋装置完好，无腐蚀、无泄漏。

检测情况符合上述规定时，则认为油罐附件合格，否则应进行修理。

6. 油罐焊缝检测与评定

（1）焊缝检测。

①罐底板、浮顶单盘板、浮舱底板焊缝应进行 100% 真空试漏，试验负压值不得低于 53Pa。

②罐底板与壁板、浮顶单盘板、浮舱的内侧角焊缝应进行渗透检测或磁粉检测。

③浮顶船舱应逐一通入 785Pa 压力的空气进行气密性检测。

④罐下部壁板纵向焊缝应进行超声波探伤检查，容积小于

$20000m^3$ 的只检查下部一圈，容积大于或等于 $20000m^3$ 的检查下部两圈；检查焊缝的长度，纵向焊缝不小于该部分焊缝总长的10%，丁字焊缝 100% 检查。

（2）焊缝评定。

①真空试漏和气密性检测均无渗漏为合格。

②渗透探伤、磁粉探伤符合规定要求。

③试验、检测评定为合格，则认为焊缝满足安全使用要求，不合格的应进行补焊。

④超声探伤按规定评定，Ⅱ级为合格。对于超标缺陷，属于表面或内部活动缺陷的应立即返修，属于内部非活动缺陷应由设备主管部门核定后，可继续监控使用。

7. 涂层检测与评定

（1）防腐层的检测。防腐层的检测应在目测检查的基础上，用涂层测厚仪检测涂层厚度。

（2）防腐层评定。防腐层目测检查无锈斑、粉化、脱落，检测厚度、绝缘电阻、附着力和漏点达到原设计要求。符合要求的可不重新涂装，不符合要求的应重新涂装。

三、油罐的修理

（一）材料选用

（1）选用钢材时，必须考虑油罐原使用材料，材料的焊接性能、使用条件、制造工艺，以及经济合理性。

（2）当对钢材有特殊要求时，设计单位应在图纸或相应技术文件中注明。

（3）对油罐壁板、底板、顶板所用材料如不清楚，则应进行鉴别。

（4）对所使用材料如有疑问，应对其性能进行复验，合格后方可使用。

（5）材料的规格尺寸应符合设计和立式圆筒油罐用料规定，并进行验收，必要时按规定进行检测。

(二)油罐壁板修理

1. 壁板拆除基本要求

(1)环缝为对接结构时,切割线应在环缝以上不小于10mm。

(2)环缝为搭接结构时,应清除搭接焊肉,不得咬伤上层罐壁板。

(3)更换整块壁板,环焊缝切割线宜不高于原环焊缝中线;立焊缝切割线距罐壁任一条非切除纵焊缝距离应不小于500mm,距切除焊缝应不小于30mm。

(4)更换小块壁板的最小尺寸取300mm或12倍更换壁板厚度两者中的较大值。

2. 局部换板技术要求

(1)更换壁板的厚度应不小于同圈内相邻壁板的最大公称厚度。更换板的形式可以是圆形、椭圆形,带圆角的正方形、长方形,但应符合图4-10和表4-39的要求。

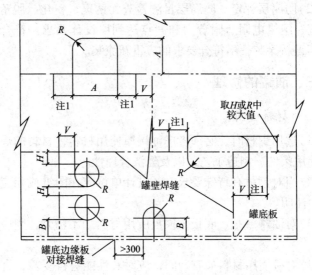

图4-10 局部更换小块壁板典型图

注:所有焊缝交点应近似为90°;焊接新垂直焊缝以前,切除现有水平焊缝至
　　少要离开垂直焊缝300mm以上,最后焊接水平焊缝

表 4-39 局部更换小块壁板尺寸名称和要求

尺寸名称	局部更换罐壁板(厚度为 t)的边缘焊缝与罐壁所有新旧焊缝的最小间距/mm	
t	$t \leqslant 12$	$t > 12$
R	150	取 150 与 $6t$ 中的较大值
B	150	取 250 与 $8t$ 中的较大值
H	100	取 250 与 $8t$ 中的较大值
V	150	取 250 与 $8t$ 中的较大值
A	300	取 300 与 $12t$ 中的较大值

（2）为减少造成壁板变形的可能性，必须考虑装配、热处理和焊接顺序。

①整块更换壁板时，其弧度应与原壁板弧度相一致，并符合设计图纸的要求。焊接接头的坡口形式和尺寸应按设计图纸要求进行加工。

②对于板厚大于 12mm，且屈服强度大于 390MPa 有开孔接管的壁板，在开孔接管及补强板与相应的罐壁板组装焊接并验收合格后，应进行整体消除应力热处理。

③底圈壁板相邻两壁板上口水平误差不应大于 2mm。在整圈圆周上任意两点的偏差，不应大于 6mm。壁板铅垂偏差，不应大于 3mm。

④纵向焊缝错边量：采用焊条电弧焊，当壁板厚度小于或等于 10mm 时，错边量不应大于 1mm；当壁板厚度大于 10mm 时，错边量不应大于板厚的 0.1 倍，且不应大于 1.5mm；采用自动焊时，错边量均不应大于 1mm。

⑤环向焊缝错边量：采用焊条电弧焊时，当上圈壁板厚度小于或等于 8mm 时，任何一点的错边量均不得大于 1.5mm；当上圈壁板厚度大于 8mm 时，任何一点的错边量均不应大于板厚的 0.2 倍，且不应大于 2mm；采用自动焊时，错边量不应大于 1.5mm。

⑥采用搭接时，间隙不应大于 1mm，丁字焊缝搭接处的局

部间隙不应大于2mm。

⑦严格按设计要求确定更换部位，更换壁板应采取防变形措施，确保更换部分几何尺寸与原罐体一致。

(3)对在检测中发现的，通常由于拆除作业中造成的裂纹、擦伤等，应根据具体情况进行修理。当壁板剩余厚度能满足设计条件情况下，允许采取磨削方式进行处理。但当磨削成均匀圆滑曲面后，其厚度不符合要求时，必须采用合格焊接工艺进行修补。

(4)罐壁钢板上发现裂缝时，应首先用工具将其清理干净，然后在距裂纹两端100~150mm处各钻$\phi 6$~$\phi 12$mm的孔。再用凿子或风铲除去焊接金属或基本金属(可用特殊氧割炬割去)。当钢板厚度大于5mm时，焊缝必须开成50°~60°的坡型口，检查钢板开口外无细微裂纹，方可施焊。

(5)罐壁下层纵焊缝，如发现裂纹长度超过150mm或焊缝经过修理后再次出现裂纹时，应割去1m宽，长度等于圈高的一块钢板，割缝时应使新焊缝与原来焊缝两侧各大于500mm，不得已时可采用在裂纹末端钻孔，于裂纹内外同时补焊的方法。

(6)罐壁纵向焊缝的裂纹，对已超过横焊缝或与横焊缝裂纹相交时，则应将裂纹交叉处割一直径不小于500mm，且其边缘应离开裂纹末端不小于100mm的孔。补板应取相同厚度和材质的钢板。其直径应较挖孔直径大500mm，由罐壁内部补焊。

(7)罐壁底层圈板上的裂纹已延伸，并使罐底钢板开裂，则除割换一般圈板外，罐底部分应在距离裂纹末端100~150mm处钻$\phi 6$~$\phi 12$mm的孔，并割去焊缝，在此缝下垫厚5~6mm的衬板，其阔度为150~220mm，长度应超过钻孔然后施焊。

(8)罐壁底层圈板人孔、进出口附近焊缝集中处的基本金属上发现裂纹，最好将该圈板切割去不少于2m的一段，焊上嵌板。应注意先将附件焊好后再嵌入。

(9)油罐圈板上中层出现凹陷和鼓泡时，可在凹陷中心位置用断续焊焊上带拉环(或可系钢丝绳的角钢)直径为 150 ~ 200mm，厚为 5 ~ 6mm 的圈板，然后用绞车将它拉出校正。并在内壁用 100 ~ 300mm 的断续焊缝水平安装一根预制好的角钢，其长度应比凹陷处长 200 ~ 250mm。如拉正后发现该处圈板上有裂纹时，则应更换一块钢板。新换钢板厚度不大时，可以搭接焊补在里面。

(10)罐壁更换整板的拆装中，应注意吊装作业的安全。同时，为保持罐体的稳定性，一般宜将罐板分成若干等份，实行分步拆装，以使新壁板安装时有基准。如罐体圆度难以掌握时，可在内壁加设槽钢胀圈。

3. 壁板的焊接宜接下列顺序进行

(1)罐壁的焊接工艺程序为先施焊纵向焊缝，然后施焊环向焊缝。

(2)当纵向焊缝数量大于或等于 3 时，应留一道纵向焊缝最后组对焊接。

4. 罐壁开口、补强和嵌板

(1)罐壁开口检测。

①在现有无补强的开口处增设补强板，新的热开孔接管，应在直接受影响区域内进行分层次的超声波检测。

②拆除并清理原有补强板与壁板的连接焊缝时，对割削或打磨处的孔穴除目视检查外，还应进行磁粉或渗透方法检测。

③对已完工的接管，其补强板与罐壁、接管颈的连接焊缝均应用磁粉或渗透方法检测。

④对进行过热处理的组合件，在水压试验之前，除目视检查外，还应进行磁粉或渗透方法检测。

⑤对采用嵌板组装的熔深焊缝，嵌板与罐壁板间的对接焊缝应全部进行射线照相检测。

(2)罐壁开口的修理及补强。

①接管公称直径大于 50mm 的开孔应补强。开孔补强应按照等面积补强法进行设计，有效补强面积不应超出下列规定的

范围：

a. 沿罐壁纵向，不应超出开孔中心线上、下各 1 倍开孔直径；

b. 沿接管轴线方向，不应超出罐壁表面内、外两侧各 4 倍的管壁厚度。

②两开孔之间的距离应符合下列规定：

a. 两开孔至少 1 个有补强板时，其最近角焊缝边缘之间的距离不应小于较大焊脚尺寸的 8 倍，且不应小于 150mm；

b. 两开孔均无补强板时，角焊缝边缘之间的距离不应小于 75mm。

③罐壁开孔角焊缝外缘（当设有补强板时，为补强板角焊缝外缘）到罐壁纵环焊缝中心线的距离应符合下列规定：

a. 罐壁厚度不大于12mm，或接管与罐壁板焊后进行消除应力热处理时：距纵焊缝不应小于150mm；距环向焊缝不应小于壁板名义厚度的2.5倍，且不应小于75mm。

b. 当罐壁厚度大于12mm，且接管与罐壁板焊后不进行消除应力热处理时：应大于较大焊脚尺寸的 8 倍，且不应小于250mm。

④罐壁开孔接管与罐壁板、补强板焊接完毕并检验合格后，属于下列情况的应进行整体消除应力热处理：

a. 标准屈服强度下限值小于或等于 390MPa，板厚大于32mm 且接管公称直径大于300mm；

b. 标准屈服强度下限值大于 390MPa，板厚大于 12mm 且接管公称直径大于50mm；

c. 板厚大于 25mm 的 16MnDR。

（三）油罐底板修理

底板局部修理时，宜优先选择不动火修补，弹性聚氨酯涂料修补、环氧树脂玻璃布修补、螺栓堵漏等方法。

1. 中幅板更换

（1）全部或大面积更换中幅板、拆除龟甲缝时，不得损伤边缘或非拆除部位的钢板。

（2）全部或局部拆除边缘板，应用电弧气刨刨除大角焊缝的焊肉，不得咬伤壁板根部。

（3）在全部或局部更换边缘板时，要采取措施防止壁板和边缘板的位移。

（4）罐基础修理验收合格后，方可铺设罐底板。

（5）罐底关键区域，即环形边缘板大角焊缝300mm范围内不得有补板焊接，但允许进行点蚀的补焊。

2. 局部更换中幅板或补板

（1）确定更换中幅板或补板部位时，应尽量避开原有焊缝200mm以上。

（2）如果更换中幅板面积较大，应注意先把新换的钢板连成大片，最后施焊新板与原底板间的焊缝。

（3）在焊接过程中，应采取有效的防变形措施，以保证原有中幅板和新更换中幅板施工完成后符合标准要求。

3. 更换边缘板或补板

（1）认真确定更换部位的几何尺寸，边缘板下料时应考虑对接焊缝收缩量。

（2）更换边缘板施焊前，应采取有效的防变形措施，边缘板如采用搭接结构，要处理好压马腿位，以保证两板错边量不大于1mm。

（3）全部更换边缘板时，应采用全对接结构。

（4）边缘板上新的对接焊缝或补板边缘焊缝，距罐壁板纵焊缝和边缘板原有焊缝不得小于200mm。

4. 底板的焊接要求

（1）底板铺设前，其下表面应涂刷防腐涂料，每块底边缘50mm范围内不刷。

（2）中幅板焊接时，应先焊短焊缝，后焊长焊缝；初层焊道应采用分段退焊或跳焊法；对于局部换板或补板，应采用使应力集中最小的方法。

（3）底板采用带垫板的对接时，焊缝应焊透，表面平整。垫板应与对接的两块底板紧贴，其间隙不大于1mm。

（4）中辐板采用搭接时，其搭接宽度宜为5倍板厚，且实际搭接宽度不应小于25mm；中幅板宜搭接在环形边缘板的上面，实际搭接宽度不应小于60mm。

采用对接时，焊缝下面应设厚度不小于4mm的垫板，垫板应与罐底板贴紧并定位。

（5）厚度不大于6mm的罐底边缘板对接时，焊缝可不开坡口，焊缝间隙不宜小于6mm。厚度大于6mm的罐底边缘板对接时，焊缝应采用V形坡口。边缘板与底圈壁板相焊的部位应做成平滑支撑面。

（6）中幅板、边缘板自身的搭接焊缝以及中幅板与边缘板之间的搭接焊缝应采用单面连续角焊缝，焊脚尺寸应等于较薄件的厚度。

（7）搭接接头三层钢板重叠时，应将上层板切角。切角长度应为搭接长度的2倍，其宽度应为搭接长度的2/3。在上层板铺设前，应先焊接上层底板覆盖部分的钢板，如图4-11所示。

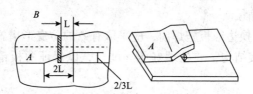

图4-11 底板三层重叠部分的切角示意图
A—上层板；B—A板覆盖的焊缝；L—搭接宽度

（8）罐底板任意相邻的三块板焊接接头之间的距离，以及三块板焊接接头与边缘板对接接头之间的距离不应小于300mm。边缘板对接焊缝至底圈罐壁纵焊缝的距离不应小于300mm。

（9）底圈罐壁板与边缘板之间的T形接头应采用连续焊。罐壁外侧焊脚尺寸及罐壁内侧竖向焊脚尺寸应等于底圈罐壁板和边缘板两者中较薄件的厚度，且不应大于 13mm；罐壁内侧的焊缝沿径向的尺寸宜取 1.0 ~ 1.35 倍的边缘板厚度。当边缘板厚度大于 13mm 时，罐壁内侧可开坡口。

5. 底板裂纹或变形的修理

（1）裂纹修理。对于长度小于 100mm 的裂纹，应在裂纹两端钻 $\phi6 ~ \phi12mm$ 的孔，然后，至少分两遍进行直接补焊。当裂纹长度大于 100mm 时，除两端钻孔补焊外，尚应焊上一块盖板，其盖板在每一方向上均应超过裂缝 250mm 以上。对于大裂纹，若补盖板不可靠时，可将裂纹处的钢板割去，重新焊以新板。割出钢板宽度一般为 1m 左右，其长度至少应比裂纹长度大 500mm。

（2）底板变形过大，一般采取割焊口，消除应力后重新施焊。如不行，应更换新板。

6. 充水试验

罐底板检修后，应进行充水试验。

7. 浮顶罐底板修理时的注意事项

（1）新罐底必须保持浮顶支柱停在最低位置时的水平度，以防浮盘卡住。

（2）应装配浮顶支柱和导向柱等的新支承（垫）板。

（四）油罐顶板修理

1. 顶板玻璃钢树脂涂敷修理

顶板的修理，一般可以在罐顶板进行脱漆处理后，采用玻璃钢树脂涂敷修理，最后在其表面涂上用银粉和环氧树脂配制的防静电涂层。

2. 顶板更换

（1）新罐壁的组装一般应采用槽钢或角钢制作的胀圈以保证罐体的圆整度。罐体的连接采用对接或搭接。采用搭接时，搭接宽度不应小于 5 倍板厚，且实际搭接宽度不应小于 25mm；顶板外表面的搭接缝应采用连续满角焊，内表面的搭接缝可根据使用要求及结构受力情况确定焊接形式。顶板自身的拼接焊缝应为全焊透对接结构。

（2）罐顶与罐壁采用弱连接结构时，连接处应符合下列规定。

①直径不小于 15m 的油罐应符合下列规定：

a. 连接处的罐顶坡度不应大于 1/6；

b. 罐顶支撑构件不得与罐顶板连接；

c. 顶板与包边角钢仅在外侧连续角焊，且焊脚尺寸不应大于 5mm，内侧不得焊接。

②直径小于 15m 的油罐，除应满足本条第 1 款的全部要求外，同时还应满足下列要求：

a. 应进行弹性分析确认，在空罐条件下罐壁与罐底连接处强度不应小于罐壁与罐顶连接处强度的 1.5 倍，满罐条件下罐壁与罐底连接处强度不应小于罐壁与罐顶连接处强度的 2.5 倍；

b. 与罐壁连接的附件（包括接管、人孔等）应能够满足罐壁竖向位移 100mm 时不发生破坏；

c. 罐底板应采用对接结构。

③采用锚固的油罐除应满足本条第 1 款的全部要求外，锚固和配重还应按照 3 倍罐顶破坏压力进行设计。

（3）罐顶板更换时，一般宜在暂设于罐内的中心柱上进行组装，焊完后拆除。新顶板厚度应不小于 5mm。

（4）顶板预制。

①更换整块顶板时，单块顶板的拼接可采用对接或搭接，任意两相邻焊缝的间距不应小于 200mm。

②顶板的加强筋板弧度，用弧形样板检查，其与顶板的间隙不应大于 2mm。加强筋板采用对接时，应加垫板，且必须完全焊透；采用搭接时，其搭接长度不应小于加强筋板宽度的 2 倍。

（5）顶板组装。

①罐顶支撑柱的垂直度不应大于柱高的 0.1%，且不应大于 10mm。

②顶板应按画好的等分线对称组装。顶板搭接宽度允许偏差应为±5mm。

3. 固定顶顶板的焊接

（1）先焊内侧焊缝，后焊外侧焊缝。径向的长焊缝宜采用焊缝对称施焊方法，并由中心向外分段退焊。

（2）顶板与包边角钢焊接时，焊工应对称均匀分布，并沿同一方向分段退焊。

（3）局部更换浮顶板或补板时，浮顶焊接应注意采用收缩变形最小的焊接工艺和焊接顺序。

（五）内浮盘修理

（1）内浮盘的修理，必须按油罐清洗有关规定的要求进行排除油气和通风之后进行修理。

（2）浮盘裂纹等应尽可能采取涂环氧树脂修复。

（3）浮盘倾斜卡住时，应临时增设支架柱，防止继续下落。导向管或支柱局部弯曲，应修理或更新。密封带损坏可修补或更新。

（4）浮盘修理时，必须将浮盘安置在支柱上。当支柱有故障时，可临时用支架和千斤顶支撑。

（5）浮顶预制。

①整体更换浮顶应符合设计要求。

②局部更换时，按照设计图纸的要求，认真确定更换部分的几何尺寸，然后进行板材的预制加工。

③船舱底板及顶板预制后，其平面度用1m长的样板检查，间隙不得大于4mm。

（6）浮顶组装。

①浮顶整体组装应符合设计要求。

②应确保修理部位与原浮顶的一致性。

③单盘的修理应采取防变形技术措施，尽可能减少变形。

④浮顶板的搭接长度允许偏差应为±5mm。

⑤浮顶外边缘环板与底圈罐壁间隙允许偏差应为±15mm。

⑥浮顶环板、外边缘环板的组装，应符合下列规定：

a. 浮顶环板、外边缘环板对接接头的错边量不应大于板厚的 0.15 倍，且不应大于 1.5mm；

b. 浮顶外边缘环板垂直度不应大于 3mm；

c. 用弧形样板检查浮顶环板、外边缘环板的凹凸变形，弧形样板与浮顶环板、外边缘环板的局部间隙不应大于 10mm。

(7)内浮盘的质量检查。

①焊缝严密性检查。

a. 向空舱内压入空气，使压力达到 1kPa 时，在所有外面的焊缝上涂刷肥皂液检漏；浮舱中的敞口空舱用真空箱或煤油渗透法检漏。

b. 内浮盘壁板应采用真空法检漏，试验负压值不应低于 53kPa。边缘侧板与内浮盘壁板间的焊缝及边缘侧板的对接焊缝均应采用煤油渗透法检漏。

②检修后，应向罐内注水。在注水中，应注意观察：

a. 浮盘有无倾斜、卡住的现象，并检查浮盘密封装置是否贴合、严密，活动是否平稳。

b. 检查所有故障是否都已排除。此外，还应检查导静电线连接状况，接地装置是否有效等。

(六)油罐焊缝修理

对焊缝的裂纹、未熔合、超标夹渣和气孔，应用铲削或磨削的方法将焊缝完全铲除后，焊补修理。使用年久的油罐的超高焊缝，可不做修理；但对有碍操作的情况(如浮顶油罐内壁焊缝)，则应通过磨削方法进行修理。

1. 焊接技术要求

(1)焊接工艺评定、焊工考核、焊前准备应符合立式油罐安装要求。

(2)中幅板焊接时，应先焊接短焊缝，再焊接长焊缝；焊第一层时应采用分段退焊或跳焊法；局部换板或补板，应采用使应力集中最小的方法。

（3）边缘板的焊接应符合下列规定。

①首先焊接靠外缘 300mm 部位的焊缝；在罐底与罐壁连接的角焊缝（即大角焊缝）焊完后，边缘板与中幅板之间的收缩缝施焊前，应完成剩余的边缘板对接焊缝的焊接。

②焊第一层边缘板对接焊缝时，应采用焊工均匀分布、对称焊接方法。

③收缩缝的第一道焊接应采用分段退焊或跳焊法。

④罐底与罐壁连接的大角焊缝的焊接，应在底圈壁板纵向焊缝焊完后施焊，并由数对焊工从罐内外沿同一方向进行分段焊接。第一道焊接应采用分段退焊或跳焊法。

⑤壁板的焊接宜按下列顺序，罐壁的焊接工艺程序为先焊纵向焊缝，再焊环向焊缝。当纵向焊缝数量大于或等于 3 时，应留一道纵向焊缝最后组对焊接。

⑥顶板的焊接顺序是，先焊内侧焊缝，后焊外侧焊缝。径向的长焊缝宜采用隔缝对称焊接方法，并由中心向外分段退焊。顶板与包边角钢焊接时，焊工应对称均匀分布，并沿同一方向分段退焊。局部更换浮顶板或补板时，浮顶焊接应注意采用收缩变形最小的焊接工艺和焊接顺序。

2. 焊接质量检验

（1）焊缝外观检查。

①焊缝表面及热影响区不得有裂纹、气孔、夹渣、弧坑和未焊满等缺陷；

②对接焊缝的咬边深度不应大于 0.5mm；咬边的连续长度不应大于 100mm；焊缝两侧咬边的总长度，不应大于该焊缝长度的 10%；罐壁钢板的最低标准屈服强度大于 390MPa 或厚度大于 25mm 的低合金钢的底圈壁板纵缝不应存在咬边。

③罐壁纵向对接焊缝不得有低于母材表面的凹陷；罐壁环向对接焊缝和罐底对接焊缝低于母材表面的凹陷深度，不得大于 0.5mm；凹陷的连续长度，不得大于 100mm；凹陷的总长度，不得大于该焊缝长度的 10%。

④对接接头焊缝表面加强高不应大于焊缝宽度0.2倍再加1mm，最大为5mm；

⑤对接接头焊缝表面凹陷深度：壁厚4~6mm时应不大于0.8mm；6mm以上时，应小于1mm；长度不应大于焊缝全长的10%；每段凹陷连续长度应小于100mm；

⑥角焊缝的焊脚应符合设计规定尺寸，外形应平滑过渡，咬边深度应小于或等于0.5mm。

（2）底板严密性试验。

①罐底严密性试验前，应清除一切杂物，除净焊缝上的铁锈，并进行外观检查。

②罐底的严密性试验可采用真空检漏法。检漏时，真空箱内真空度不应低于53kPa。

（3）罐壁焊缝检验。焊缝的严密性试验一般采用煤油试验法。

①在罐外是连续焊缝，罐内是间断焊缝的搭接焊缝，以及对接焊缝都要喷涂煤油，对其进行严密性检查。焊缝检查时，要把赃物和铁锈去掉，并涂上白粉乳液或白土乳液，干燥后，在其另一侧的焊缝上至少要喷涂两次煤油，每次中间要间隔10min。由于煤油渗透力强，可以流过最小的毛细孔，如果煤油喷涂浸润12h后，在涂有白粉的焊缝表面没有出现斑点，焊缝就符合要求。如果周围气温低于0℃，则需在24h后不应出现斑点。冬天，为了加快检查速度，允许将煤油加热至60~70℃喷涂浸润焊缝。这种情况下，在1h内不应出现斑点。

②焊在有垫板上的对接焊缝和双面搭接焊缝的严密性试验，应在搭接钢板上钻孔，用0.1MPa的压力压送煤油到钢板或垫板之间的隙缝中进行试验。检测时在涂上白粉乳液或白土乳液，干燥后，压入煤油，1h后在涂有白粉焊缝的表面没有出现斑点，焊缝就符合要求。试验以后，将钻孔喷吹干净并重新焊好。

（4）罐顶焊缝检验。

①拱顶的严密性和强度试验。在罐内充水高度大于1m后，

将所有开口封闭继续充水，罐内空间压力达到设计规定的正压试验数值后，暂停充水，在罐顶焊缝表面涂上肥皂水，未发现气泡且罐顶无异常变形，其严密性和强度试验即为合格。如发现缺陷应在补焊后重新进行试验。

②罐顶的稳定性试验，应在充水试验合格后放水时进行（此时水位为最高操作液位）。即在罐顶所有开口封闭情况下放水，当罐内空间压力达到负压设计规定的负压试验值时，再向罐内充水，使罐内空间达到常压，检查罐顶无残余变形和其他破坏现象，则认为罐顶的稳定性试验合格。

③罐顶试验时，要防止由于气温骤变而造成罐内压力波动。应随时注意控制压力，采取安全措施。

（5）焊缝内部质量检查，按规范规定采取无损伤探伤、超声波探伤、磁粉探伤渗透探伤等方法检查。

3. 焊缝修补与返修

（1）深度超过 0.5mm 的划伤、电弧擦伤、焊疤等缺陷，应打磨平滑；打磨修补后的钢板厚度应不小于钢板名义厚度扣除负偏差值；缺陷深度或打磨深度超过 1mm 时，应进行补焊并打磨平滑。

（2）焊缝表面缺陷超过规定时，应进行打磨或补焊。

（3）焊缝表面缺陷的修补，应符合下列规定。

①焊缝表面缺陷超过 GB 50128—2014 规范第 7.1.2 条规定时，应进行打磨或补焊。

②焊缝表面缺陷应采用角向磨光机磨除，缺陷磨除后的焊缝表面若低于母材，则应进行焊接修补。

③焊缝两侧的咬边和焊趾裂纹的磨除深度不应大于 0.5mm，当不符合要求时应进行焊接修补。

④罐壁钢板的最低标准屈服强度大于 390MPa 或厚度大于 5mm 的低合金钢的底圈壁板纵缝的咬边，应修补、打磨至与母材圆滑过渡。

(4)焊缝内部缺陷的返修，应符合下列规定。

①根据产生缺陷的原因，选用适用的焊接方法，并应制订返修工艺。

②焊缝内部的超标缺陷在焊接修补前，应探测缺陷的埋置深度，确定缺陷的清除面，清除长度不应小于 50mm，清除的深度不宜大于板厚的 2/3；当采用碳弧气刨时，缺陷清除后应修磨刨槽。

③返修后的焊缝，应按原规定的方法进行无损检测，并应达到合格标准。

④焊接返修的部位、次数和检测结果应做记录。

(5)罐壁钢板的最低标准屈服强度大于 390MPa 的焊接应返修，还应符合下列规定。

①缺陷清除后，应进行渗透检测，确认无缺陷后方可进行补焊。修补后应打磨平滑，并做渗透或磁粉检测。

②焊接修补时应在修补焊道上增加一道凸起的回火焊道，焊后应再修整与原焊道圆滑过渡。

③罐壁焊接修补深度超过 3mm 时，修补部位应进行射线检测。

(6)不锈钢储罐焊缝的返修，应符合下列规定。

①缺陷的清除宜采用角向磨光机磨除。当采用碳弧气刨清除缺陷时，应将渗碳层清除干净。

②返修焊接时，层间温度不宜超过 150℃。

③设计文件有抗晶间腐蚀要求的，焊缝返修后仍应保证原有要求。

(7)同一部位的返修次数，不宜超过 2 次；当超过 2 次时，应查明原因并重新制订返修工艺，并应经施工单位现场技术总负责人批准后实施。

(8)罐体充水试验中发现的罐壁焊缝缺陷，应放水使水面低于该缺陷部位 300mm 左右，并应将修补处充分干燥后再进行修补。

（七）油罐附件检修

（1）宜采用结构合理、技术先进的新型附件。

（2）罐体开孔接管应符合下列要求。

①开孔接管的中心位置偏差，不应大于 10mm；接管外伸长度的允许偏差，应为 ±5mm。

②开孔补强板的曲率，应与油罐曲率一致。

③开孔接管法兰的密封面不应有焊瘤和划痕，设计文件无要求时，法兰的密封面应与接管的轴线垂直，并保证法兰面垂直或水平，倾斜不应大于法兰外径的 1%，且不应大于 3mm，法兰的螺栓孔应跨中安装。

（3）量油导向管的铅垂偏差不得大于管高的 0.1%，且不应大于 10mm。

（4）在油罐充水试验过程中，应调整浮顶支柱的高度。

（5）中央水管的旋转接头，安装前应在动态下以 390Pa 压力进行水压试验，无渗漏为合格。

（6）密封装置在运输和安装过程中应注意保护，不得损伤。橡胶制品安装时，应注意防火。刮蜡板应紧贴壁板，局部最大间隙不应超过 5mm。

（7）转动浮梯中心线的水平投影，应与轨道中心线重合，偏差不应大 10mm。

四、油罐大修项目

凡属于表 4-40 内容之一者均列为大修项目。

表 4-40　油罐大修项目及标志

油罐大修理项目	主要标志
更换油罐内所有垫片	油罐人孔、进出油管、排污阀等处垫片老化，发现两处以上经紧固螺栓无效的（凡油罐大修时，均应检查更换全部垫片）
油罐表面保温及防腐涂漆	油罐表面保温层或漆层起皮脱落达 1/4 以上

油罐大修理项目	主要标志
罐体、罐顶或罐底腐蚀严重超过允许范围需动火修理或换底	①罐体圈板纵横焊缝，尤其是底圈板的角焊缝，发现连续针眼渗油或裂纹，应立即腾空修理，不得继续储油 ②圈板麻点深度超过下述规定值 <table><tr><td>钢板厚度/mm</td><td>3</td><td>4</td><td>5</td><td>6</td><td>7</td><td>8</td><td>9</td><td>10</td></tr><tr><td>麻点深度/mm</td><td>1.2</td><td>1.5</td><td>1.8</td><td>2.2</td><td>2.5</td><td>2.8</td><td>3.2</td><td>3.5</td></tr></table>③钢板表面伤痕深度不应大于1mm ④罐底板小于允许最小余厚，如下表 <table><tr><td>底板厚度/mm</td><td>4</td><td>4以上</td></tr><tr><td>允许最小余厚/mm</td><td>2.5</td><td>3.0</td></tr></table>⑤底板出现面积为 $2m^2$ 以上，高度超过150mm的凸出或隆起部
油罐圈板凹陷、鼓泡、折皱超过规定值时修理	①凹陷、鼓泡允许值 <table><tr><td>测量距离/mm</td><td>1500</td><td>3000</td><td>5000</td></tr><tr><td>允许偏差值/mm</td><td>20</td><td>35</td><td>40</td></tr></table>②折皱允许值 <table><tr><td>圈板厚度/mm</td><td>4</td><td>5</td><td>6</td><td>7</td><td>8</td></tr><tr><td>允许折皱高度/mm</td><td>30</td><td>40</td><td>50</td><td>60</td><td>80</td></tr></table>
油罐基础下沉、倾斜修理	①罐底板的局部凹凸变形，大于变形长度的2/100，或超过50mm；②罐体倾斜度超过设计高度的1%

注：（1）凡需人员进罐修理或需动火作业修理的项目，一般应按大修项目对待。

（2）本表摘自中国石化总公司1988年《石油库设备检修规程》。

五、油罐报废

油罐报废应根据其技术要求，综合分析安全性、可靠性、经济性而确定。一般来说，符合下列条件之一者，可以提出报废申请。

（1）罐壁板出现1/3严重密集点蚀，点蚀深度超过规定值。根据圈板所处的部位、立罐圈板的报废厚度，亦可参照表4-41。

表 4-41　报废厚度

油罐容量/m³	各层圈板的报废厚度/mm							
	1	2	3	4	5	6	7	8
100～200	2.0	2.0	2.0	2.0				
300～400	2.0	2.0	2.0	2.0	2.0			
700	3.3	2.6	2.3	2.0	2.0	2.0		
1000	3.8	3.2	2.6	2.1	2.0	2.0		
2000	5.5	4.7	4.1	3.4	2.7	2.0	2.0	2.0
3000	7.5	6.5	5.3	4.5	3.5	2.5	2.0	2.0
5000	8.0	6.9	5.9	4.8	3.8	2.8	2.0	2.0

（2）大修费用超过油罐原值的50%以上者。

（3）由于事故或自然灾害，油罐受到严重损坏无修复价值者。

（4）铆钉油罐、螺栓油罐渗漏严重者。

（5）无力矩油罐顶板开裂，罐体腐蚀严重无法恢复其原几何状态者。

第五章　在用立式油罐安全监测及问题处理

第一节　油罐基础沉降监测及问题处理

一、基础沉降观测要求

基础沉降观测要求见表5-1。

表5-1　基础沉降观测要求

项目	观测要求
沉降观测要点	应及时掌握罐基础在充水预压时的地基变形特征，严格控制基础的不均匀沉降量，并应在整个充水预压和投产使用前期，对罐基础进行地基变形观测
沉降观测时间	罐基础和油罐安装施工完后，油罐充水前，充水过程中，充满水后，稳压阶段，放水后等全过程的各个阶段
沉降观测内容	充水预压地基除进行沉降观测外，对软土地基尚宜进行水平位移观测，倾斜观测及孔隙水压力测试等，防止加压过程中土体突然失稳破坏
沉降观测方法	沉降观测应采用环形闭合方法或往返闭合方法进行检查，测量精度宜用Ⅱ级水准测量，视线长度宜为20~30m，视线高度不宜低于0.3m。观测应设专人定期进行，每天不少于1次，并认真作好记录

项目	观测要求
不同地基基础的沉降观测	坚实地基基础，设计无要求时，第一台罐可快速充水到 1/2 罐高进行沉降观测，并应与充水前观测到的数据进行对照，计算出实际的不均匀沉降量。当不均匀沉降量不大于 5mm/d 时，可继续充水到 3/4 罐高进行观测。当不均匀沉降量仍不大于 5mm/d 时，可继续充水到最高操作液位，分别在充水后和保持 48h 后进行观测，沉降量无明显变化，即可放水；当沉降量有明显变化，则应保持最高操作液位，进行每天的定期观测，直至沉降稳定为止。当第一台罐基础沉降量符合要求，且其他储罐基础构造和施工方法和第一台罐完全相同，对其他储罐的充水试验，可取消充水到罐高的 1/2 和 3/4 时的两次观测
	软地地基基础，预计沉降量超过 300mm 或可能发生滑移失效时，应以 0.6m/d 的速度向罐内充水。当水位高度达到 3m 时，应停止充水，每天定期进行沉降观测并绘制时间/沉降量的曲线图，当沉降量减少时，可继续充水，但应减少日充水高度。当罐内水位接近最高操作液位时，应在每天清晨做一次观测后再充水，并在当天傍晚再做一次观测，当发现沉降量增加，应立即把当天充入的水放掉，并以较小的日充水量重复上述的沉降观测，直到沉降量无明显变化，沉降稳定为止
沉降观测注意事项	充水预压过程中如发现罐基础沉降有异常，应立即停止充水，待处理后方可继续充水

二、基础沉降观测点的布置

（1）每台罐基础，应按要求设置沉降观测点，进行沉降观测。

（2）罐基础的沉降观测点，宜沿罐周长约 10m 设置一点，并沿圆周方向对称均匀设置，沉降观测点的设置，应按设计要求进行，当设计无要求时可按表 5-2 设置。

表 5-2　罐基础沉降观测点设置数量

罐公称容积/m³	沉降观测点数量/个	罐公称容积/m³	沉降观测点数量/个
1000 及以下	4	20000	16
2000	4	30000	16
3000	8	50000	24
10000	12	150000	24

三、地基沉降允许值

（1）储罐的不均匀沉降值不应超过设计文件的要求。

（2）当设计文件无要求时，储罐基础直径方向的沉降差不得超过表 5-3 规定。

（3）支撑罐壁的基础部分不应发生沉降突变；沿罐壁圆周方向任意 10m 弧长内的沉降差不应大于 25mm。

表 5-3　储罐基础径向沉降差允许值

外浮顶罐与内浮顶罐		固定顶罐	
罐内径 D_t/m	任意直径方向最终沉降差允许值/m	罐内径 D_t/m	任意直径方向最终沉降差允许值/m
$D_t \leqslant 22$	$0.007D_t$	$D_t \leqslant 22$	$0.015D_t$
$22 < D_t \leqslant 30$	$0.006D_t$	$22 < D_t \leqslant 30$	$0.010D_t$
$30 < D_t \leqslant 40$	$0.005D_t$	$30 < D_t \leqslant 40$	$0.009D_t$
$40 < D_t \leqslant 60$	$0.004D_t$	$40 < D_t \leqslant 60$	$0.008D_t$
$60 < D_t \leqslant 80$	$0.003D_t$	$60 < D_t \leqslant 80$	$0.007D_t$
>80	$0.0025D_t$	>80	$<0.007D_t$

四、油罐基础沉降检测与评定

（一）基础沉降测量

新建油罐投产后三年内，每年应对基础检测一次，以后至少每隔三年检测一次。在油罐运行过程中，发现油罐有异常现象时，应立即对其进行检测。

1. 基顶标高检测

在油罐底板外侧有基础顶面（距罐壁 150mm）沿环向均匀布置永久性测点（见图 5-1）。测点间距有环墙时，不宜大于 10m，无环墙时不宜大于 3m，且油罐直径 $D \geqslant 22m$ 时，不少于 8 点；$D \geqslant 60m$ 时，不少于 24 点。测量各点及相邻场地和标高，计算各点与相邻场地地面之间的高差、相邻测点之间的高差、同一直径上两测点之间的高差。各高差值应符合下述要求：

（1）各测点与其相邻场地地面之间的高差不小于 300mm。

（2）两测点之间的高差，有环梁时每 10m 弧长内任意两点的高差不得大于 12mm；无环梁时，每 3m 弧长内任意两点的高差不得大于 12mm。

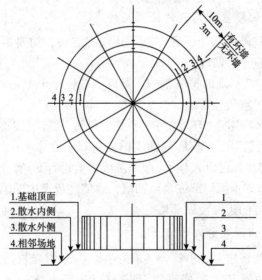

图 5-1　基础标高检测点布置

2. 基础周围的散水（含护坡）表面标高的检测与评定

在与基础顶面测点相同的方位上，在散水与场地相接处（下

· 161 ·

称散水外侧)及散水与环墙(或罐底环板)相接处(下称散水内侧)布置测点,测量各点标高,计算散水内外两侧两测点之间的高差、外测点之间的高差。各高差值应符合下述要求:

(1)散水内外两测点之间的高差不小于50mm;

(2)散水外测点与相邻场地地面之间的高差不小于0mm。

(二)罐区场地排水情况的检测与评定

(1)罐区场地地面应保持原设计所要求的竖向标高,且无局部凸起或凹坑,以利排除雨水。其标高的检测评定方法:在与基础顶面测点相同的方位上,在与散水相接的场地地面及防火堤内每500m² 左右的面积上布置测点,测量各点的标高。各点的实际标高与原设计总平面图的标高差应在 ±50mm 以内。

(2)防火堤内外的排水沟无阻塞,防火堤上的排水阀门开启灵活可靠。

(三)油罐基础构造的检测与评定

油罐基础的构造,凡存在下述情况之一,均属不符合安全性要求,应予以修理:

(1)护坡基础的护坡龟裂、酥碎、坡度小于1%,或罐底边缘板已被护坡覆盖者。

(2)钢筋混凝土环墙断裂、劈裂。龟裂、酥碎或钢筋外露者。

(3)钢筋混凝土环墙基础或护坡基础未设排水孔(泄漏检查孔),或排水孔已沉入地下(散水坡或场地地面下)者。

(4)基础顶面局部或全面凹陷,致使底板产生凹陷、空鼓或罐壁正下方的边缘板局部悬空者。

(四)油罐基础修理的要求

经检测评定,凡不符合要求的油罐基础均应进行修理。

(1)油罐基础的修理设计应与罐体修理统一考虑,协调进行。

(2)罐体与基础的修理施工时,应先编制施工组织设计,以防因施工管理或技术措施不力,造成罐体或基础新的损伤或破坏。

(3)油罐基础进行修理时，各分项工程的施工应按照有关标准规定进行。

(4)罐底边缘板的外伸部分应采取可靠的防水措施，环墙上表面由边缘板外缘向外宜做成不大于5°的排水坡度。

五、罐基础沉降观测记录

罐基础沉降观测结束后，应提供下列记录。

(1)沉降观测结果记录。

(2)罐基础变形纵横剖面图，环墙变形测量记录。

(3)罐基础修复时的施工技术方案和修复记录。

六、油罐基础沉降处理

(一)基础沉降对油罐运行的影响

在软土地基上建造油罐，无论是采用沙垫层预抬高法或沙井充水预压法进行地基处理，在充水预压过程中都曾出现油罐基础差异沉降，使油罐产生不同程度的倾斜。这对管线安装和油罐的正常使用带来许多困难。过大的差异沉降能导致罐底破裂，引起漏泄，有时还能使罐体破坏。由于罐底局部不均匀沉降，罐壁上部将会变成椭圆形，假若椭圆度过大，可能把浮顶卡住，甚至造成严重事故(国外曾发生几次大事故，如1975年在英国泰晤士河北边油罐区有两座油罐由于基础差异沉降，在油罐底板中点与边缘的中间发生破坏)。

浮顶油罐的整体沉降以及罐周边局部差异沉降在允许范围内(由于倾斜而增大的罐壁环向应力不应大于油罐没有产生沉降时所计算环向应力的2%)，稍有倾斜问题不大，只使抗风圈梁受力大些。罐周边差异沉降是影响罐壁次应力的主要因素，同时还将影响罐壁顶在水平面上的圆度。若变成椭圆形，密封间距就变小，浮顶会被卡住，更主要的是壁板与底板交接处会产生很大的拉力，可能导致破坏。因此在工程设计中，罐周边过大的差异沉降的控制必须予以考虑；使用中也必须予以重视，特别在充水试验和投入使用初期，应加强检查观察。

（二）基础沉降处理的条件

（1）向罐底灌水，并在边缘板和中幅板各设 8 个测量点，测量罐底至水面的高度，并做好记号。当发现油罐底板面积为 $2m^2$ 以上，高度超过 150mm 的隆起时，应进行基座局部检修。

（2）在新油罐投入使用的头 5 年里，每年应进行罐底外形轮廓的水准测量，对容量大于 $1000m^3$ 的在役油罐，每 3 ~ 5 年进行罐底外形轮廓的水准测量。测量时，以油罐底外边缘板或第一层壁板顶端为基准，间隔距离不小于 6m 设检测点（每罐不小于 8 个），用水准仪测量，间隔 6m 两点间的允许偏差超过表 5－4 所列数值时，应进行基座检修。

表 5－4　罐底外形轮廓的水平状况允许偏差值　　　mm

项目标准 容积/m^3	油罐未装油时		油罐装满油时		检测周期	
	间隔 6m 两点间偏差	任何两点间偏差	间隔 6m 两点间偏差	任何两点间偏差		
<700	±10	±25	±20	±40	投入 使用后 5 年每年 一次	5 年后 必要时
700 ~ 1000	±15	±40	±30	±60		
2000 ~ 5000	±20	±50	±30	±80		5 年后 每年一次
10000 ~ 20000	±10	±50	±30	±80		

注：已长期使用的 2000 ~ 10000m^3 油罐，两个临近点偏差不得超过 ±60mm；在直径相对的点上，不超过 100mm；700 ~ 1000m^3 的油罐，则分别不超过 45mm 和 75mm。但经过数年检测已经稳定的直径相对的偏差值 150mm 之内的油罐基座，仍可继续使用。

（3）由于基础不均匀沉降，导致使用中油罐罐体铅垂允许偏差超过设计高度的 1%（最大限度 90mm）时，应进行基座检修。

（三）基础沉降处理技术规定

（1）基础沉降处理之前，应根据水准测量数据，画出罐底变形断面草图，作为指导油罐检修的依据。

(2)基座 $2m^2$ 以上面积进行局部检修时，在底板上切开直径为 $200 \sim 250mm$ 的孔口，用掺加有沥青的砂子填入、填平、夯实。其补焊的钢板厚度应与原钢板相同或稍大，直径应大于切开孔口直径 $100mm$ 以上。

（四）基座的其他沉降处理方法

（1）在距罐底 $0.4m$ 处每隔 $2.5m$ 焊上一个长 $1.5 \sim 2m$ 的环形刚性加固梁（断续焊缝每段长 $150mm$），在加固梁下安装一个起质量为 $15 \sim 20t$ 的千斤顶，将油罐顶升至下沉量 $10 \sim 20mm$ 的高度。然后填入沥青沙或重油拌合的沙子（粒度为 $2 \sim 5mm$），仔细压实，落下油罐，拆除加固梁。

（2）油罐具有一定高度和自重的情况下，可以采取用钢管插入其基础的沙垫层中，用冲水方法抽出部分沙子，以降低倾斜高度。

（3）当基座下沉量很大时，则应增强基座的承受力，主要方法如下：

①浸润土壤并夯实的方法；

②用化学方法加强土壤；

③构筑钢筋混凝土圈梁。

（4）沉降处理后的油罐必须进行水压试验，并在试验前后分别对油罐底进行水准测量，其偏差应不大于表 5-4。

（5）整理并保存有关测量记录等技术资料。

七、油罐倾斜的校正与修复

尽管油罐在投产前，要求做到罐壁垂直，但在充水预压或生产操作过程中，可能发生水平或垂直方向偏差，无论在哪一个方向倾斜超过了允许值，都应对油罐倾斜进行校正。常用校正油罐倾斜的方法有以下几种。

（一）顶升法

用顶升法校正油罐基础倾斜有下列四种顶升形式（见图5-2），根据不同情况选择适用的方法。

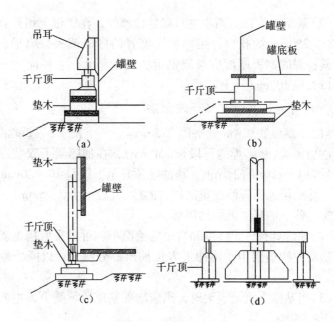

图5-2 顶升法校正油罐倾斜的四种顶升形式

按照方案设计用数个千斤顶将油罐整体顶起，然后加固修平基础，再将罐体放到基础上。上海某石化总厂124#油罐就是采用这种方案进行校正的，效果较好。当油罐直径较大，罐底板很薄($d = 4 \sim 6mm$)时，将产生较大挠度。把罐底全部顶起，施工难度较大，应采用相应措施，见表5-5。

表5-5 顶升法校正的类型和技术要求

	校正方法与程序	基础型式	沉降形状	油罐容积	修整范围	罐体修整内容
整体校正	方案设计与准备 放空清洗油罐 油罐补强、安装吊耳 吊起油罐 修整地基 将油罐放回基础	适用于各种型式基础	基础整体沉降后的校正	没有特别限制	全面整修基础	根据方案补强油罐，1000m³ 以下油罐可不补强

校正方法与程序	基础型式	沉降形状	油罐容积	修整范围	罐体修整内容
局部校正 方案设计与准备 放空清洗油罐 油罐补强、安装吊耳 根据修整规模吊起底板 局部整修基础 将吊起部分放回	适用于各种型式基础	基础局部沉降	没有特别限制	基础、罐壁、底板变形比较显著的部分	根据方案补强油罐,1000m³以下油罐可不补强
更换油罐底板 方案设计与准备 放空清洗油罐 油罐补强、安装吊耳 局部或全部吊起油罐 根据方案拆掉油罐顶板或支柱 局部或全部拆掉底板、整修基础 局部或全部更换底板,安装顶板或支柱 将油罐放回基础,焊接丁字焊缝	适用于各种型式基础	底板整体或局部沉降时的校正	没有特别限制	局部或全部修整基础	根据修整的规模,必要时将罐顶或支柱拆掉。罐壁板也有不均匀沉降时,可提升起来修整

（二）吹入法

由于油罐基础不均匀沉降,使油罐底板边缘沉降,可采用吹入法校正油罐周边不均匀沉降,施工要点见图5-3。

（三）气垫船法

目前国外开始采用这种方法。此法属于位移法的一种。其

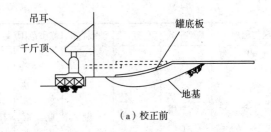

（a）校正前

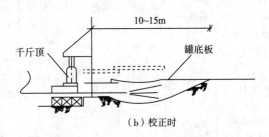

（b）校正时

图5-3 吹入法校正罐周边不均匀沉降要点

特点是将气垫船像围裙一样套箍在油罐外壁下部，在围裙内送进压缩空气，使油罐浮升起来，不要费多大力气就可将油罐移位。一台10000～30000m³的油罐，如果用老办法移位校正，需要30～45天，用气垫船法只要2～3天就可以完成。这是一种十分有效又迅速的校正方法。

（四）半圆周挖沟法

根据工程的特点，利用油罐环形基础刚性较好的条件，采用半圆周挖沟法校正油罐整体倾斜可取得较好效果。这种方法的要点是根据油罐基础下土质情况和罐体倾斜方向来决定挖沟的位置、长度和深度，再辅以抽水进行倾斜校正。

（五）校正倾斜方法的选择

选择油罐基础倾斜校正方法应根据油罐形式、容量大小、土质情况、施工方法及产生倾斜原因等条件进行。

对于中小型油罐基础，发生倾斜或差异沉降超过容许值，应根据不同情况，采用顶升法来进行校正与修复（此法费用较高，技术难度也较大）；当油罐基础产生局部不均匀沉降时，可采用吹入法进行校正与修复；大型油罐基础出现倾斜时，宜采用气垫船法进行校正。无条件采用气垫船方法进行校正时，可采用半圆周挖沟法校正（此法是简单易行、造价低廉的一种方法）。

八、半圆周挖沟法校正油罐倾斜要点

半圆周挖沟法的原理是人为地造成一个沉降条件，在重压下使油罐基底土体侧向挤出，使沉降小的部位加大沉降，从而达到纠偏的目的。

（一）采用半圆周挖沟法纠偏概况

据资料介绍，浙江炼油厂建造的 60 余座油罐中，有 24 座产生较大的不均匀沉降，大大超过了地基规范中倾斜允许值的规定。由于容量 5000 ~ 10000m³ 的罐直径较大（ϕ22 ~ 31m），罐底的钢板厚度很薄（4 ~ 6mm），因此用顶升法纠偏，底板挠度大，难以全部顶起，且施工难度大，质量差，成本高。为了寻求简便而有效的方法，采用了半圆周挖沟法，再辅以抽水，使油罐重心位移，从而纠正油罐基础倾斜。

半圆周挖沟纠正油罐基础倾斜，在原油罐区 G203 罐（容量为 10000m³）首先试验成功后，应用于煤柴油罐区、化学药剂罐、污油罐区等 24 座容量为 60 ~ 10000m³ 的各种储罐进行纠偏，取得了不同程度的效果。例如 G203 罐直径 31.282m，相对沉降差为 126mm，挖沟纠偏第三天，相对倾斜从 3.95‰ 改善到 2.6‰；又如一个直径 6.5m 的热水罐，倾斜 510mm，相对倾斜达 78.5‰，纠正后相对倾斜变为 2.15‰。24 座油罐纠偏后，地基规范中有关规定容许相对倾斜 <8‰ 的有 12 座罐，占纠偏总数的 50%。

对 14 座油罐（500 ~ 10000m³）进行了倾斜校正后，相对倾斜仍有 4 座大于 8‰，其中最大者达到 12.9‰，安全运行 20 年还正常使用。从不均匀沉降实测结果来看，当地基沉降属于平面的不均匀沉降时，虽然不均匀沉降可能带来附加应力，但还是比较小的，因此罐体安全度是可靠的。

(二)挖沟位置与长度的确定

挖沟位置和长度是纠偏的第一个要素。以 G203 号罐为例说明挖沟位置和长度的确定。

(1)罐沉降量情况。G203 号罐周边各点沉降量的展开图,见图 5-4,周边 4 号点沉降量为 300mm,相对的 8 号点沉降量为 174mm,相对沉降差为 126mm。

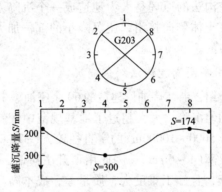

图 5-4　校正前沉降量展开示意图

(2)挖沟位置与长度的确定。图 5-5 是 G203 号罐挖沟位置与长度示意图,以周边最小沉降点(8 号点)为中心,沿周边各向两侧延伸到 1/4 周长(总长为半圆周长)。

即 6 号←7 号←8 号→1 号→2 号。除了挖至半圆周长之外,还需要挖到一定的深度才能产生油罐重心的位移。G203 罐半圆周挖沟法纠偏后,相对沉降差缩小到 83mm,见图 5-6。

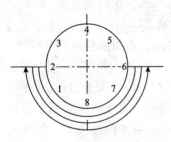

图 5-5　半圆挖沟平面示意图

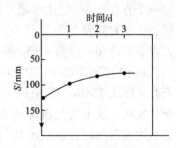

图 5-6　校正后沉降展开示意图

由于挖沟长度小于半圆周只能减缓沉降差递增的速率，起不到纠正的作用，挖沟长度达到半圆周才能起到纠偏的作用。故挖沟法称为半圆周挖沟法。

(三)确定挖沟深度的几个参数

挖沟的深度是纠偏的第二个要素，挖得太深，将会使油罐地基产生剪切破坏甚至滑动；挖得太浅，将不起作用。一般根据油罐所处的土质情况、离罐壁远近、荷载大小和时间长短等因素来决定挖沟的深度。

1. 根据土质情况决定沟的深度

一般在油罐区淤泥质亚黏土地基上挖沟深度 H 按下式计算：

$$H = S \cdot tg\alpha + a$$

式中 S——离罐壁距离，m；

$tg\alpha = H/S$，随地质情况和荷载大小情况而定，一般 α 取 45°（$H : S = 1 : 1$）；

a——常数，通常取 40~50cm。

挖沟深度 H 从基础底面算起，沟的断面要挖成里边直(靠罐壁的一边)，外壁带坡。沟宽度随深度而异，以便于测量时立尺，但不宜过宽，沟开挖宽度 b 采用 0.5~1.5m，沟底宽 d 为 0.3~1.0mm。见图 5-7。

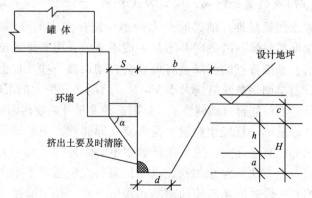

图 5-7 挖沟深度与宽度示意图

挖沟深度到 H 时，沟内壁立即分层剥落，油罐渐渐向挖沟方向拨正。为了保证效能的持久性，塌落到沟底的土要及时清除，沟内如有地下水应同时抽干，使沟内的地下水位在整个纠偏过程中不要超过圈梁基础底部，否则水位时起时落，容易使环梁内的沙垫层流失造成油罐底板边缘局部塌陷。另外沟内积水，水压将平衡沟边土体测向压力，会降低挖沟的效能。

2. 离罐壁的距离与深度的关系

离罐壁的距离与深度的关系见图 5-7。离罐壁的距离与深度的基本关系是沟边距离罐壁远时，要深挖，反之要浅挖。一般工程应离油罐边缘取 30~50cm，以保证油罐圈梁内沙垫层不致流失为宜。

3. 荷载时间与挖沟深度的关系

这是涉及油罐在充水预压过程中发生倾斜在什么时候开挖的问题。根据土壤的固结理论，地基土的压密程度是土体内的等压力线随深度而减少，上层土压密大，下层土压密小。如果充水预压早期开挖，荷载尚小，压应力亦小，上层土质还没有压实，固结强度小，可以挖浅；若充水预压后期开挖，荷载时间较长，上层土已经初步固结压密，所以要深挖。应注意的是过早挖沟是不适宜的。

(四) 及时进行纠偏，控制加载速率

充水加载早期，油罐倾斜方向不一定是真实的倾斜方向，油罐早期相对倾斜的方向并不是一成不变的，而是呈螺旋形摇晃下沉，基础各点的沉降量有可能会自动调整一些。根据实践经验，若早期相对倾斜量大于 5‰时，后期必有更大的沉降差，而且已经不可能再自动调整了。这时必须及早开始挖沟调整。

油罐基础一旦发生倾斜，是否要立即卸载，按常规是应立即排水卸载直至罐空，这是保证油罐不会倾复的万无一失的办法。另一个方法是停止加荷，这能使倾斜发展缓慢下来，但需要相当长一段时间才能使油罐基础稳定下来，并不能保证再次加载时油罐不会继续朝此方向倾斜。是否卸载，可根据罐外土体隆起是否，沉降是否激增确定，如土体无隆起，沉降没有激增，可以不卸荷，带载挖沟成效更快一些。为了确保安全，开挖时暂停加载，在原有荷载下挖沟，待油罐稍微有拨正动向时，要及时按原规定加载速率进水。但千万不能加载过快，以免纠偏过速造成事故。

采用半圆周挖沟法校正时，应注意控制校正速率与时间的关系。一般用半圆周挖沟纠偏时，挖沟后2~3天之内能见到成效。同时，还要加强观测，防止油罐基础滑动，甚至地基失稳破坏。

第二节　金属油罐变形监测及变形整修

一、金属油罐罐体变形的检查观察

油罐顶、壁凹陷、鼓包、折皱等变形检查除用目察外，尚应按图5-8所示，将重锤与线挂好，用钢直尺测量拉线和罐顶间的距离，即可得某一位置的变形尺寸。测完一个位置后，将滑轮沿油罐圈移动20~30cm，再测量另一个位置。这样重锤线沿油罐周移动且上下升降，测量出顶、壁有代表性点的变形，将测量结果做好记录，为油罐维修提供依据，并存档备案。

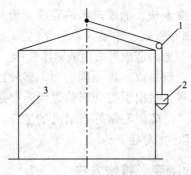

图5-8　油罐变形观察示意图

1—滑轮；2—重锤；3—油罐

二、金属油罐变形原因

金属油罐变形的原因除施工单位的资质不符合要求外，大体可归纳为四种类型。

(一)施工质量低劣引发变形

油罐施工完成后出现变形是由于组装及施工质量低劣，钢板规格及厚度使用不当，钢板之间相互位置不对、组装时预留的焊缝的变形余量不足或因钢板在运输中出现了残余变形，而组装时又没有校正所致。

(二)焊接工艺不符合技术要求引发变形

油罐在焊接过程中产生的变形，多是由于焊接电流、焊接速度和焊接顺序没有严格按正确的焊接工艺进行，焊后油罐出现鼓泡或凹陷。

(三)充水试验操作不当引发变形

充水试验过程中，油罐体上出现的鼓泡或凹陷变形，多是由于钢板材质搞错或刚度不够、充水过急或超高、排水速度过快、油罐基础局部下沉等原因造成。

(四)运行中的油罐出现故障或操作不当引发变形

油罐在运行中产生的变形多是由于操作失误、进出油温差太大、收发油速度太快、油罐进出油管线变形、基础沉降不一致、油罐附件(如呼吸阀、呼吸气管路等)失灵或堵塞、气温急剧下降(如暴雨)等原因造成事故性油罐体变形。

油罐的变形一般是以一种原因为主，多种因素促成，应认真调查、仔细观察，找出引发变形的原因。如果是因为操作失误而造成的变形，还应耐心做好当事人的工作，让失误者把真实情况讲出来，以便"对症下药"。

三、金属油罐变形整修方法

金属油罐变形整修方法主要有更换钢板法、切割重焊法、机械(人工)整形法、角钢(槽钢、钢板条)加固法、垫水注水(充气)加压整形法等。油罐整形时，应根据变形原因、变形部位、材质情况的不同，选用不同的方法。

(1)由于油罐在组装时采用了不合乎设计要求的钢板，使油罐的某一部位产生变形时，应更换不合格的钢板。对于更换组装在底板上的钢板，不平整的可用多辊整形机滚压平整；如没有整形机，用人工平整时，切忌使用金属大锤敲击。

(2)由于没有严格按焊接工艺施焊，使罐体某部位出现了变形时，把变形处的焊缝切割开，变形消除后按正确的焊接工艺重新施焊。如果是变形严重无法校整的，或者处理后又产生了塑性变形的，应更换新钢板。由于油罐在局部进行焊补时，最容易引起钢板的变形。在焊补前，焊工要进行严格考核；在施焊时，焊件的位置及尺寸应调整到利于焊接的程度，其间隙的大小应适中。

(3)若油罐壁板出现局部凹陷或鼓泡应设法拉出(注意观察变形处有无裂纹)，并在凹陷或鼓泡复原处加焊一根水平角钢或钢板条，采用100~300mm的间断焊。角钢或钢板条的圆弧应与罐体外侧相吻合，其长度每边应超出原凹陷尺寸200~300mm。

(4)若是因为油罐附件失灵而引起罐体变形，除对变形整修外，还要对失灵的附件进行检修、校正或更换。对于山洞内油罐因为油气管道冻结、堵塞而导致油罐变形时，应先疏通油道，再进行油罐整形。

(5)若是因为油罐中部基础下沉，引起底板上大面积变形时，应把鼓泡成凹陷处的焊缝割开，用沥青砂回填下沉部分，整平夯实，再按焊接工艺要求进行焊补。对无法校整的钢板，应更换新钢板。采用搭接焊把新旧板材连接起来，并注意焊接顺序。

(6)如果油罐的圈梁基础局部下沉或倾斜，并导致罐体变形，应用千斤顶或其他方法把油罐底部顶起或吊起，对局部下沉的基础进行加固处理，然后再对罐体变形进行修整。当油罐基础不均匀下沉较为严重引发变形时，应采用位移法将油罐进行移位，基础修整后再使油罐复位、整修。

四、金属油罐变形整修举例

(一)油罐壁板变形整修

油罐壁板变形应根据受力和变形情况进行整修，属于塑性变形的应采用换板整修，属于弹性变形的可采用加固或加压整修。

1. 换板和加固整修

某油库有几座 $2000m^3$ 油罐组装之后，在充水试验过程中，罐壁板第四圈至第八圈，厚4.5mm 的钢板同时出现多处"地埂"似的鼓泡(也叫平行折皱)，鼓泡高达 65mm，长达 5m 多，其位置与环形横向焊缝平行(见图5-9)。

检查观察四至六圈的折皱处，可见清晰的塑性变形标志，取试件进行化验，鼓泡钢板全是次品钢板，几个主要元素都不符合钢 A3 标准的技术要求。对塑性变形的几圈钢板进行了换板整修；对于罐壁上部轻微变形的部位，采用钢板带(也可用角钢)加固的办法进行了修整。

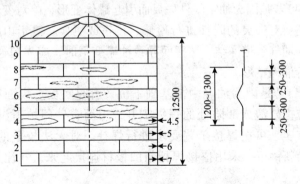

图5-9 油罐壁板鼓泡示意图

2. 加压整修

某油库 $2000m^3$ 的山洞内轻质油罐装油一年多，由于阀门渗漏，加之操作失误，在往另一座油罐内倒油时，造成罐内过大真空，结果从油罐第一圈的下半部开始至第四圈(由上往下数)，出现几乎是对称的大面积变形(见图 5-10)，凹陷最深达 1.2m，长度 6m，在变形最深处有三道小裂纹。经仔细检查分析受力状况，变形部位属于弹性变形。

根据对油罐的检查分析，采取罐内注水加压的修整方案，加压到 3kPa 时，罐体出现"啪、啪"响声；采用稳压法 10min 后，罐壁上的凹陷部位有向外鼓的趋势，没有发现异常情况；继续升压至 4.5kPa 时，罐壁凹陷变形基本复原；对裂纹部位用钢板带进行了加固处理。

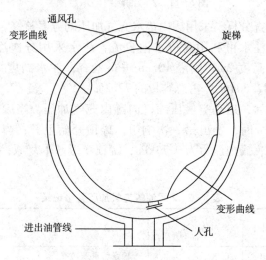

图 5-10　油罐变形位置示意图

(二)油罐顶板垫水充气加压整修

所谓注水充气加压法就是先将油罐注入一定高度的水，然后将油罐密封，再向罐内充气压缩罐内气体空间，使其压力增大，促使变形罐顶复原的方法。

(1)某油库在山洞内的 2 号拱顶汽油罐(公称容量 1000m³，安全高度为 9.187m，安全容量为 1035.476m³)在输出油品的过程中，因呼吸阀堵塞，在负压作用下，导致油罐顶板多处严重吸瘪下陷，下凹面积之和约占顶板总面积的 1/2，最深处 0.5m 多，计量口倾斜 30°，见图 5-11。

图 5-11 2 号油罐瘪陷示意图

经检查分析，采用罐内垫水充气加压的方案整修。

油罐注水可利用高位水池自流，注水采用分次逐步注入，每次进水高度 2m，间隔 10min 进行检查；注水高度为 6.62m，容量为 747.604m³，占总容量的 72.2%。

注水后，启动空气压缩机向罐内充气加压，当罐内压力达到 0.72kPa 时，发出第一次响声，罐顶开始上升；当发出第七次响声时，罐内压力为 0.73kPa，罐顶变形基本复原，具体情况见表 5-6。

表 5-6 2 号油罐充气加压整修记录

序号	时间/h	气压/kPa	声音（听觉）	说明
1	14：08	0.00		检修后重新送气
2	14：20	0.20		继续送气
3	14：25	0.72		微开调节阀
4	14：28	0.72	第一响	声音不大，稳压观察，罐顶开始上升
5	14：29	0.72	第二响	声音不大，稳压观察
6	14：30	0.00		停气泵，上罐检查，发现的小面积凹进部位已复原，计量口有回复，其他正常
7	14：33	0.10		继续开泵送气
8	14：35	0.71	第三响	继续开泵送气

序号	时间/h	气压/kPa	声音 (听觉)	说明
9	14：37	0.72		声音较大，稳压观察
10	14：38	0.00		停泵，上罐检查，计量口基本复原
11	14：43	0.40		继续开泵送气
12	14：45	0.72		继续开泵送气
13	14：46	0.72	第四响	声音不大，稳压观察
14	14：47	0.73		微开调节阀，稳压观察
15	14：48	0.75	第五响	声音不大，稳压观察
16	14：49	0.40	第六响	降压，上罐顶检查后，继续进气
17	14：53	0.72		继续送气
18	14：54	0.73	第七响	声音较大，基本复原
19	14：56	0.00		停泵，上罐检查，计量口复原
20	14：59	0.00	响五声， 四声连续	上油罐全面检查，其余三处已经复原，余下计量口旁有一处条形凹陷，面积约$3m^2$，但深度不大，未发现重新回瘪现象

（2）某油库新扩建的一座1000m³拱顶油罐，在首次发油过程中，因机械呼吸阀失灵（有锈蚀和冰冻现象，阀杆上下滑动不灵活），也没有安装液压安全阀，发生了油罐顶部吸瘪事故。

油罐为地面立式拱顶钢油罐，直径为12.031m，罐壁高度9.52m，球顶半径14.4m，球顶矢高1.302m，顶部钢板厚度4mm。

油罐顶部吸瘪下降弯曲呈月牙状（见图5-12），凹陷位最大长度 $A=11.8m$，最大宽度 $D=6.4m$，最大深度 $H=1.23m$，透光孔倾斜约36°，罐壁、罐底完好。

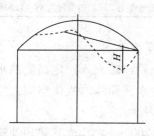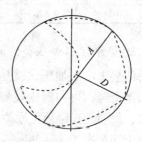

图5-12 吸瘪油罐形状示意图

采取垫水充气加压法整形。罐内注水高度为4.225m。空压机距离油罐10m，流量为$8m^3/min$，气源储量$30m^3$，供气压力为$0.4~0.5MPa$。

注水封罐后，于11：00开始送气，12：43罐内充气压力达7.07kPa，第一次充气加压结束，罐顶基本复原；为进一步复原并消除变形部位的内应力，于15：40至17：26进行了第二次充气加压，当罐内充气压力达9.52kPa时，瘪罐顶恢复原状，第二次充气加压结束。在经2h的稳压后再卸压，罐底板翘起基本复原。充气加压观察记录见表5-7。

表5-7　吸瘪罐充气加压观察记录

时间	气温/℃	压力/kPa	油罐变化情况
10：48	28.8		第一次开始充气加压
11：00	34.2	2.31	中心凹处逐步上升
11：35	36.5	2.72	发出类似爆炸的声响，突然上升约100cm
11：37	36,5	1.08	罐底板边缘翘起复原
12：02	42.0	2.99	开始急剧上升，2min后停止
12：19	43.5	4.63	前后三次振响，东南基本复原
12：43	44.5	7.07	稳步上升，罐底板边缘翘起50mm，除西南长500cm外，基本复原
第二次开始充气加压			
15：40	41.8	7.21	声响很大西南鼓起，正南复原
16：30	41.0	6.53	稳步上升
17：05	34.5	8.57	罐底板翘起78~102cm
17：23	34.3	8.84	罐顶全部复原
17：26	34.8	9.52	稳压无变化，罐底边缘翘起89~115cm

（三）垫水注水加压整修油罐顶板

所谓垫水注水加压法就是先将油罐充入一定高度的水，然后将油罐密封，再向罐内缓慢注水压缩罐内气体空间，使其压力增大，促使变形罐顶复原的方法。

由于违章操作，某油库一座$2000m^3$洞内立式拱顶油罐顶部严重吸瘪。在检查分析的基础上，制定了注水加压整修方案。

油罐直径 14.30m，高度 15.01m，公称容量 2000m³，实际容量 2082m³，安全容量 1687m³；油罐顶板由 24 块扇形钢板组成，表面积 167.78m³，凹陷面积 153.8m²，占 92%，仅有靠近人梯部位两块扇形板变形不大，整个罐顶歪斜 67cm，在测量孔处油罐顶的加强圈翘起长度 11m，最高 2.9cm，其变化情况见图 5-13。

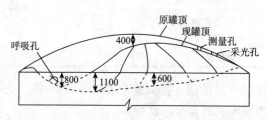

图 5-13　吸瘪油罐顶板变形示意图

注水至设计高度后关闭阀门，再次检查注水加压设备安装是否正确，确认无误后，密闭油罐注水加压。当罐内压力达 0.98kPa 时，罐顶开始上升，加压至 9.81kPa 时，瘪陷部分复原。但由于卸压排水速度过快，油罐再次吸瘪，又进行了第二次注水加压整修，其注水加压数据见表 5-8。

表 5-8　第一、二次注水加压整修数据

注水次	第一次		第二次	
	罐内压力 /kPa	罐顶变化罐	内压力 /kPa	罐顶变化
1	无变化	无变化	无变化	无变化
2	0.98	罐顶开始回弹，一块钢板开始上鼓	1.67	罐顶变形部位开始回弹
3	2.94	数块钢板开始上鼓	2.94	罐顶变形部位数块钢板回弹
4	5.39	一块钢板回弹	3.43	罐顶变形部位数块钢板回弹
5	5.88	一块钢板回弹	4.41	罐顶变形部位数块钢板回弹
6	6.87	一块钢板回弹	10.59	罐顶变形部位基本复原，保压 3h，缓慢卸压，罐顶再未瘪陷

注水次	第一次		第二次	
	罐内压力/kPa	罐顶变化罐	内压力/kPa	罐顶变化
7	7.85	一块钢板回弹		
8	7.85	一块钢板回弹		
9	7.85	一块钢板回弹		
10	8.83	一块钢板回弹		
11	8.83	瘪陷部位全部回弹，罐顶基本复原		
12	9.81	罐顶复原		

上述几例整修油罐，投入运行至今 5~30 年，未出现任何问题，油罐技术状态和运行良好。

五、金属油罐吸瘪加压整修的程序和注意事项

在役油库油罐吸瘪的情况常有发生，属于油库多发性业务事故，根据多年来对变形油罐整修的体验和上述油罐变形整修情况，将整修程序和注意事项归纳如下：

（一）吸瘪油罐加压整修方案

吸瘪油罐加压整修方案一般应包括以下五方面内容：

（1）吸瘪油罐简述。包括时间点、发生过程、技术数据、瘪陷状况等。

（2）组织机构。包括整修领导、人员分工、职责要求等。

（3）整修方法。选择包括方法选择、水源及注水方法、工艺流程示意图等。

（4）整修程序。包括准备工作、罐内注水、注水（充气）加压、检查整修、竣工验收等。

（5）注意事项。

（二）垫水注水加压整形法

垫水注水加压整形法的程序是：准备工作→罐内注水→注

水加压→检查整修→竣工验收。

1. 准备工作

准备工作包括组织计划、设备器材、油罐清洗、设备安装、现场清理等内容。组织计划主要是明确组织领导、人员分工、整形的方法和步骤、工艺技术要求，以及应采用的安全措施等；油罐清洗应达到安全卫生的要求；设备器材和安装是按照工艺技术要求将注水设备、输水管路、测控仪表等准备就序，并安装就位（见图5-14）；现场清理是清除不必要的物资器材，保证现场无危险品，道路畅通。洞库油罐整修时，检测设备可利用呼吸系统的读取加压数据（注：注水加压时，应将管道式呼吸阀、旁通阀用法兰盲板封堵）。

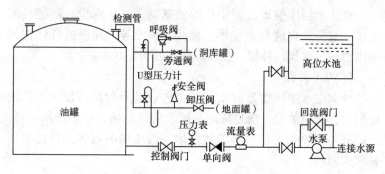

图5-14 垫水加压整修吸瘪油罐工艺示意图

2. 罐内注水

检查油罐垫水注水整形工艺系统无误后，启动注水泵（或打开高位水池阀门）向罐内注水。注水过程中，必须保证油罐排气畅通，注水量为安全高度的70%左右；注水中应注意检查油罐有无渗漏或异常变化，如有问题应根据具体情况，采取相应措施。

3. 注水加压

密封油罐与大气连通的所有孔洞，使罐内形成密闭空间。启动注水泵（或打开高位水池阀门）向罐内注水，压缩空间气体增压。注水速度应缓慢，流量控制在 $1 \sim 2 m^3/min$，以便控制罐内升压速度，逐渐消除变形部分的内应力，促其复原。每次发出声响后，应关闭加压水管控制阀，开大回流阀，稳压 5 ~ 10min，并检查复原情况。然后再打开加压水管控制阀注水，并调整回流阀，发出声响后再停止注水加压，稳压检查。反复进行加压→声响→稳压工序，至油罐恢复原状。

油罐复原后应稳压 6 ~ 12h，以进一步消除变形部分的内应力，促其稳定。在稳压过程中，还可用木锤敲击变形部位边缘，特别是皱折部位应反复敲击，以加速内应力的消除。与此同时应进行全面检查，尤应注意焊缝、皱折部位有无渗漏。经稳压检查后再排气卸压。卸压应缓慢，以防卸压过快再次吸瘪。

4. 检查整修

在注水加压整形过程中检查的基础上，认真检查油罐各部连接、皱折、焊缝有无变形、裂纹、脱漆等。并根据具体情况加以校正、更换、补焊、加固，使其处于完好状态。

5. 竣工验收

拆除注水加压整形时安装的工艺设备及封堵盲板，安装油罐附件，接通油管，恢复接地系统，清理现场，整理技术资料，会同有关单位和人员检查验收，填写竣工验收报告，将技术资料移交归档。

（三）垫水充气加压整形法

垫水充气加压整形法与垫水注水加压整形法的程序基本相同。所不同是将注水加压系统变为压缩空气加压系统，见图 5-15。

（1）充气加压整形有三种不同情况。其一是油罐内垫水充气加压整形。即注水至油罐安全高度的 70% 左右，送压缩空气进入油罐，使罐内气体空间增压整形；其二是罐内不加水垫层，直接送压缩空气入罐增压整形；其三是气压加人工整形。即人带木锤进入油罐，然后密封将压缩空气送入罐增压，利用气压及人工敲击修复罐底鼓包和油罐下部壁板缺陷。其根据是"高压氧舱"病员要承受 11.7kPa 的压力，而油罐整形压力一般低于 7.00kPa，最大不超过 10.00kPa。

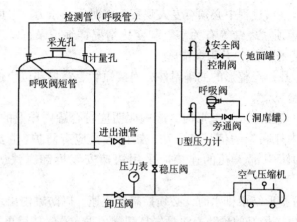

图 5-15 垫水充气整修油罐工艺示意图

(2)气压整形的三种情况，罐内加垫水充气加压整形比较安全，实际中应用较多。直接送气增压整形安全性较差，实际中应用极少。气压加人工整形，适用于罐底鼓包，油罐下部壁板内陷的特定条件，此法虽有的油库做过试验，且取得了成功，但其安全性相对来说较差。

(3)垫水充气压整形同垫水注水加压整形一样，整形过程也应执行加压→声响→稳压程序，以及油罐复原后稳压的要求。

(四)注意事项

(1)被整形油罐的隔离、清洗必须按动火作业进行，罐内和现场应达到动火作业的安全卫生要求。

(2)一般不允许用输油管注水加压。因为输油管内或多或少有残留油品和油气，会随水进入油罐，形成不安全因素，影响油罐整修安全。

(3)加压整形时，一定要控制罐内压力上升速度，绝不能过快。升压速度通常应控制在 500～1000Pa/min，且应逐渐减慢上升速度。注水加压和充气加压时罐顶禁止站人。

(4)加压整形过程中，必须升压、稳压相间，不准发生声响后继续加压，以防发生突变造成事故。

（5）整形过程中必须有专人观察，将时间、压力、温度以及罐底、罐顶、罐壁等有关参数和变化情况详细记录，发现异常应立即停止加压，并采取措施。

（6）凡是经整形的油罐附件、连接短管、修焊部位应进行严密性试验。

（7）气压加人工整形时，罐内照明应符合罐内作业的要求；规定罐内外联系的信号和方法；罐内人员应有防护（主要是噪声）；油罐下部人孔的连接应采用快速安装拆卸方法等安全措施。

（8）整形结束排水时，必须控制好流速，以防罐内出现负压再次吸瘪。最好的预防办法是先打开罐顶采光孔，然后再排水。

（9）加压整形中，一般都会出现罐底翘起现象，正常情况下，卸压后或经过一段时间则可自行复原。如果出现不复原的情况，可用高标号水泥砂浆填塞的方法处理。

（10）加压整形油罐的最大压力一般应控制在 10.0kPa 以下。从罐内加压整形的实践看，大多在 7.0 ~ 8.0kPa 以下就可复原，超过 10.0kPa 情况极少。

第三节　油罐渗漏检查与监测

一、油罐渗漏的原因

立式钢质油罐渗漏通常有裂纹、砂眼、腐蚀穿孔三种。

（一）发生裂纹的常见原因

（1）严寒地区，地上油罐各部温差引起的内应力及钢板的冷脆性能引起的裂纹。罐底四周外边沿与罐底中心的温差可达20℃以上；在日晒情况下，罐体温差也很大；同时，由于收油时油温与罐体的温差，这些将产生很大的内应力。

（2）罐体与罐壁连接处，以及安装附属设备等焊缝比较集中的地方，焊接时引起的热应力；或焊缝质量差，严重未焊透、咬边、成群气泡等缺陷，增加了应力集中；以及冬季施工等，都是引起裂纹的直接原因。

(3)罐基的不均匀下沉，在罐底和罐身产生较大的应力，引起罐体的变形、折皱、裂纹等。

(4)由于呼吸阀失灵或调节不当，收发速度太快，以及油罐试压超压等，使罐内气体空间压力或真空度过大，致使油罐的承压能力超限，直接造成裂纹。或由于上述原因使罐壁上部体圈、罐底出现凹凸变形，装油后这些变形又消失，钢板的焊缝在反复变形后，产生疲劳而裂纹。

(二)存在砂眼(气孔、针孔、夹渣)的原因

砂眼(气孔、针孔、夹渣)通常发生在罐顶、人孔颈与圈板上缘、上部体圈及罐底，绝大多数是由于钢板和焊缝受腐蚀形成的。新建油罐的砂眼可能由于钢板质量未经严格检查，焊接时用潮湿焊条，或焊接技术不高，以致产生气泡或夹渣而形成。

(三)腐蚀穿孔的原因

由于水分、杂质及空气对油罐的腐蚀作用，或油罐酸洗后，残酸未处理干净，常在罐底和罐顶出现腐蚀穿孔，其中以罐底出现的机率最多。

二、油罐渗漏检查与监测

(一)常规巡回检查

按规定对油罐进行巡回检查，不但应监测油罐的倾斜、变形、基础沉降、防腐层的好坏，而且应检查监测油罐是否渗漏油。油罐倾斜、变形、基础沉降通常需要长期观察，甚至需要仪器去测量，而油罐渗漏油可能瞬时会产生，所以应经常观察、随时检查，不得大意。

(二)人为直观查看

(1)油罐渗漏检查，通常靠人为的直观查看。因此检查、观

察要认真负责，应沿罐壁周围、从上到下全面检查。罐壁是检查的重点。因为罐顶是不储油部位，即使有漏点也只会跑油气，而罐底与基础紧贴，无法察看。

（2）人工肉眼检查油罐渗漏油，应积累经验，总结规律，不但看渗漏的油滴，而且应看渗漏点附近出现的表面现象，如油罐渗漏时常见的迹象如下：

①没有收发作业时，坑道、走道、罐室和操作间油蒸气味道很浓。利用油气浓度检测仪，来判断洞库、掩体罐是否有不应有的油味，这也是检查油罐渗漏油的一种方法。

②罐内油面高度有不正常下降。油罐长期渗漏，会减少罐内体积，所以定期准确测量罐内油位的变化，也是检查油罐是否渗漏的一种方法。

③罐身顶部漏气时，油罐压力计读数较同种油罐低，严重时有漏气声。

④罐身上部渗漏处往往黏结较多的尘土，罐体储油高度以下渗漏会出现黑色斑点，或有油附着罐壁向下扩散的痕迹，甚至冒出油珠。

⑤罐身下部沥清砂有被稀释的痕迹，地面排水沟有不正常的油迹，埋地罐在雨天更明显。

三、油罐常用试漏法

（一）煤油试验法

在外侧焊有连续焊缝、内侧焊有间断焊缝的罐体壁上的搭接焊缝和对接焊缝都要涂上煤油，对其进行严密性检查。焊缝检查的一侧，要把脏物和铁锈去掉，并涂上白粉乳液或白土乳液，等干燥后，在其另一侧的焊缝上至少要喷涂两次煤油，每次中间要间隔10min。由于煤油渗透力强，可以流过最小的毛细孔。

如果煤油喷涂浸润以后过12h，在涂白色焊缝的表面没有出现斑点，焊缝就符合要求，如果周围气温低于0℃，则24h后不应出现斑点。冬天，为了加快检查速度，允许用事先加热至60~70℃的煤油来喷涂浸润焊缝。在这种情况下，在1h内不应出现斑点。焊在有垫板上的对接焊缝和双面搭接焊缝的严密性的试验，通过用10.1MPa压力，经钻孔往钢板或垫板之间的隙缝压送煤油的办法来进行。试验以后，将钻孔喷吹干净并重新焊好。

（二）真空试漏法

用薄板做成无底的长方形盒子，盒顶部严密地镶嵌一块厚玻璃，盒底四周边沿包有不透气的海绵橡胶，使盒子严密地扣在底板上。盒内用反光的白漆涂刷，盒子上装油气短管和进气阀。试验焊缝时，先在焊缝上涂肥皂水，再将真空盒扣上，用真空泵将盒内抽成55kPa的真空度，观察盒内有无气泡出现，无气泡者为合格，如有气泡应作出标记加以修焊。

（三）氨气渗漏法

（1）罐底板周围用黏土将底板与基础间的间隙堵死，但应对称地留出4~6个孔洞，以检查氨气的分布情况。

（2）在底板中心及周围应均匀地开出3~5个直径 $\phi18$ ~20mm的孔，焊上直径 $\phi20$ ~25mm的钢管，用胶管接至氨气瓶的分气缸。

（3）在底板焊缝上涂以酚酞－酒精溶液。其成分按质量比为：酚酞4%，酒精40%，水56%。天气寒冷时，应适当提高酒精浓度。

（4）向底板下通入氨气，用试纸在黏土圈上的孔洞处检查，验证氨气在底板下已分布均匀后即开始检查焊缝表面（此时在焊缝上刷酚酞－酒精溶液），如呈现红色，即表示有氨气漏出，标记漏处。

（5）底板通氨气时，严禁在附近动火。底板补焊前，须用压缩空气把氨气吹净，并经检查合格后方可进行补焊。

完成罐底的严密性试验后，对底板上的一切孔洞进行修补时，应采用与孔洞部位同材质、同厚度的钢板覆盖，钢板直径取 1.2～1.5 倍的孔洞直径，钢板周边采用满角焊。此焊缝应符合规范要求。

第四节　油罐内压的监测

油罐工作压力是油罐的重要技术参数，压力是否正常是保证油罐安全运行的关键。多年来，油罐工作压力一直采用 U 型压力计检测，为解决 U 型压力计存在的问题，现有一种新型油罐内压智能检测装置，可对油罐压力和呼吸阀的工作参数实施网上实时传输、监测、报警、自动记录、查阅、统计分析、打印等多种功能。其性能可靠，操作维护方便，价格适宜，便于操作人员随时掌握和管理者监督，促进了油库安全管理，解决了油库油罐压力检测急需。

一、U 型压力计存在的问题

油罐工作压力或呼吸管路运行是否正常，目前国内外油库普遍采用 U 型压力计检测。但在油罐 U 型压力计安装使用中，存在着不少问题。一是油罐用 U 型压力计没有定型产品，购置的 U 型压力计需要进行改装，增设固定件；二是 U 型压力计与呼吸管道用胶管柔性连接，由于胶管易老化，压力计玻璃管易损坏，导致可靠性差，特别容易漏气；三是 U 型压力计内液体易受外界环境影响，特别是安装在室外的 U 型压力计，夏季 U 型压力计内液体损耗大，需适时补充液体，否则，U 型压力计就会变成通气口，外泄油气；四是 U 型压力计的玻璃管极易污染，难以准确读数；五是 U 型压力计不能实施数字传输，不利于油库信息化管理；六是当油罐内出现较高压力时会将液体冲出，罐内油气会从 U 型压力计口排出在罐室内积聚，易发生油气中毒事故。

针对 U 型压力计存在的问题，结合油库安全和设备设施管理需要，新研制油罐内压智能检测装置能满足油罐压力检测或呼吸管路检测的需要，又能对油罐压力进行实时检测和传输，达到了随时监测油罐压力的目的，为油库的信息化建设提供了条件。

二、油罐内压智能检测装置

（一）设计方案

油罐内压智能检测装置研制与应用，是针对油库安全管理要求和油库信息化建设的需要而提出的。油罐内压智能检测装置主要由防爆型数字压力变送器、智能检测仪表、控制系统、传输线路四部分组成，如图5-16所示。

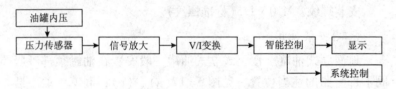

图5-16　油罐内压智能检测原理方框图

（二）工作原理

油罐内压智能检测装置主要由防爆型压力变送器、智能检测仪表、控制系统、传输线四部分组成。其中防爆型压力变送器由压力传感变送器、信号放大器、V/I变换器、补偿线路和显示器组成，压敏电阻在测量膜片的背面连成惠斯登电桥，压力作用在膜片上，使这个电桥输出一个与压力成正比的电压信号，信号经放大、V/I变换，转换成标准的电流输出，同时由显示器显示物理量，并将信号传输到智能控制仪，再由智能控制仪传到控制系统或计算机局域网。

（三）适用范围

油罐内压智能检测装置可用于油罐、呼吸管路。主要用于油罐或呼吸管路内工作压力的实时检测、监控，确保油罐内压在规定范围内，一旦超压可在现场或控制室实施报警，达到保护油罐安全运行的目的。

三、油罐内压智能检测装置安装使用

(一)技术指标

测量范围：-500~3000Pa。

测量精度：±1%Fs。

介质温度：-40~85℃。

环境温度：-35~65℃。

显示方式：-0.50~3.00kPa。

防爆等级：Exia Ⅱ BT4。

供电电源：24VDC。

安装螺纹：M20×1.5(标准螺纹)。

(二)安装使用

地面立式油罐、覆土式立式油罐一般安装在油罐顶部呼吸阀下部管路的适当位置，见图5-17(a)、(c)；洞库一般安装在罐室外操作间内管道式呼吸阀内侧的呼吸管路上，见图5-17(b)。

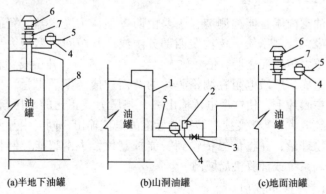

图5-17 油罐内压智能检测装置安装示意图

1—呼吸管道；2—管道式呼吸阀；3—控制阀；4—防爆型数字变送器；

5—信号线；6—机械呼吸阀；7—阻火器；8—半地下油罐维护结构

（三）注意事项

防爆型数字压力变送器安装方式为标准螺纹，安装方向为垂直方向；接线时应当注意线型，接线盒内部有 4 个接线端子，实际使用其标有 + 、 – 符号的端子，其中" + "号端子连接控制机箱提供的 24VDC 电源"正"，" – "号端子连接控制箱微压计压力输入端"YX"。数字压力变送器现场显示单位为 kPa，仪表是户外型，在正常情况下不需要特别维护。

第六章　新建金属立式油罐
工程检查验收

金属油罐工程检查验收应遵照《立式圆筒形钢制焊接油罐施工规范》GB 50128—2014 的规定，现将有关内容摘编如下。

第一节　金属立式油罐基础竣工验收

一、检查基础的施工记录

油罐基础施工质量的控制分两个阶段，第一阶段是在基础施工过程中，严格把握好每道工序，每道工序都应按设计要求、施工规范检查验收。第二阶段是基础施工完工后的竣工验收。检查基础的平面尺寸和坡度坡向是否符合设计要求，沉降值是否在允许范围。

油罐基础竣工验收首先就是检查基础第一阶段的施工记录，并听取施工单位的介绍。

二、检查基础的几何尺寸

GB 50128—2014 对储罐基础几何尺寸的规定摘编如下。

（1）基础中心标高允许偏差应为 ±20mm。

（2）支承罐壁的基础表面高差应符合下列规定：

①有环梁时，每 10m 弧长内任意两点的高差不应大于 6mm，且整个圆周长度内任意两点的高差不应大于 12mm。

②无环梁时，每3m弧长内任意两点的高差不应大于6mm，且整个圆周长度内任意两点的高差不应大于12mm。

（3）沥青砂层表面应平整密实，无突出的隆起、凹陷及贯穿裂纹。沥青砂表面凹凸度应按下列方法检查：

①当储罐直径大于或等于25m时，以基础中心为圆心，以不同半径做同心圆，将各圆周分成若干等份，在等份点测量沥青砂层的标高。同一圆周上的测点，其测量标高与计算标高之差不应大于12mm。同心圆的直径和各圆周上最少测量点数应符合表6-1的规定。

表6-1 同心圆的直径和各圆周上最少测量点数

储罐直径 D/m	同心圆直径/m					各圆周上最少测量点数				
	I圈	II圈	III圈	IV圈	V圈	I圈	II圈	III圈	IV圈	V圈
$D \geqslant 76$	$D/6$	$D/3$	$D/2$	$2D/3$	$5D/6$	8	16	24	32	40
$45 \leqslant D < 76$	$D/5$	$2D/5$	$3D/5$	$4D/5$	—	8	16	24	32	—
$25 \leqslant D < 45$	$D/4$	$D/2$	$3D/4$	—	—	8	16	24	—	—

注：本表摘自 GB 50128—2014。

②当储罐直径小于25m时，可从基础中心向基础周边拉线测量，基础表面每100m² 范围内测点不应少于10点，小于100m² 的基础应按100m² 计算，基础表面凹凸度不应大于25mm。

（4）单面倾斜式基础表面尺寸（图6-1）应符合下列规定：

①基础中心标高允许偏差应为 ±20mm。

②基础表面倾斜允许偏差应为15mm。

③支撑罐壁的基础表面高差，整个圆周长度内任意两点的测量标高与设计标高之差不应大于12mm，且每10m弧长范围内任意两点的测量标高与设计标高之差不应大于6mm。

④基础表面凹凸度可用拉线或水准仪测量，每100m² 范围内测点不应少于20点，小于100m² 的基础应按100m² 计算，凹凸度不应大于20mm。

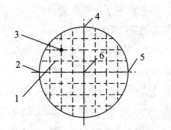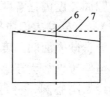

图6-1 单面倾斜式基础表面尺寸测量示意图
1—测量平行线;2—最高点;3—测量点;4—中心线;
5—最低点;6—基础中心;7—测量水平面

第二节 金属立式油罐罐体
几何形状和尺寸检查

一、检验样板的要求

储罐在预制、组装及检验过程中所使用的样板,应符合下列规定:

(1)被检部位的曲率半径小于或等于12.5m时,弧形样板的弦长不应小于1.5m;曲率半径大于12.5m时,弧形样板的弦长不应小于2m。所有部件的放样板必须经过验收,其偏差不得超过0.5mm。

(2)所有直线样板的长度不应小于1m,其偏差不得超过±0.3mm。

(3)测量焊缝角变形的弧形样板,其弦长不得小于1m。

二、罐体几何形状和尺寸检测

罐体几何形状和尺寸检测见表6-2。

表6-2 罐体几何形状和尺寸检测

部位及项目			要求			
罐壁组装焊接后，几何形状和尺寸的要求	罐壁高度的允许偏差		不应大于设计高度的0.5%，且≤50mm			
	罐壁铅垂的允许偏差		不应大于罐壁高度的0.4%，且不得大于50mm			
	罐壁的局部凹凸变形	相邻两壁板上口水平的允许偏差	不应大于2mm			
		在整个圆周上任意两点水平的允许偏差	不应大于6mm			
		壁板的铅垂允许偏差	不应大于3mm			
	在底圈罐壁1m高处，表面任意点半径的允许偏差/mm	油罐直径 D/m	$D \leqslant 12.5$	±13		
			$12.5 < D \leqslant 45$	±19		
			$45 < D \leqslant 76$	±25		
			$D > 76$	±32		
	罐壁上的工卡具焊迹		应清除干净，焊疤应打磨平滑			
罐底组装焊接后，几何形状和尺寸的要求	罐底焊接后，其局部凹凸变形的深度		不应大于变形长度的2%，且不应大于50mm			
	罐底外形轮廓的水平状况允许偏差/mm	项目标准	油罐未装油时		油罐装满油时	
			间隔6m两点间偏差	任何两点间偏差	间隔6m两点间偏差	任何两点间偏差
		油罐容量/m³ <700	±10	±25	±20	±40
		700~1000	±15	±40	±30	±60
		2000~5000	±20	±50	±30	±80
		10000~20000	±20	±50	±30	±80
罐顶组装焊接后，几何形状和尺寸的要求	浮顶的局部凹凸变形	浮舱顶板的局部凹凸变形	应用直线样板测量，不得大于15mm			
		单盘板的局部凹凸变形	用目测及充水试验，不应影响外观及浮顶排水			
	固定顶的局部凹凸变形		应采用弧形样板检查，间隙不得大于15mm			

三、附件几何尺寸检验

（1）抗风圈、加强圈、包边角钢等弧形构件加工成型后，用弧形样板检查，其间隙不得大于2mm；其翘曲变形不得超过构件长度的1‰，且不得大于4mm。

（2）罐体开孔接管中心位置偏差不得大于10mm，外伸长度允许偏差应为±5mm；量油导向管垂直度允许偏差，不得大于管高的1‰，且不得大于10mm；转动浮梯中心线的水平投影，应与轨道中心线重合，允许偏差不应大于10mm。

第三节　金属立式油罐焊接质量检查

储罐的焊接质量关系到它的严密性及强度，因而焊接是储罐安装的一个重要环节。

一、焊缝表面质量要求及检查方法

焊缝表面质量要求及检验方法见表6-3。

表6-3　焊缝表面质量要求及检查方法

项　目			允许值	检验方法
焊缝表面及热影响区，不得有裂纹、气孔、夹渣、弧坑和未焊满等缺陷				
对接焊缝	咬边	深度不应大于	0.5mm	用焊接检验尺检查罐体各部位焊缝
		连续长度不应大于	100mm	
		焊缝两侧咬边不应超过该焊缝长度的10%		
		罐壁钢板的最低标准屈服强度大于390MPa或厚度大于25mm的低合金钢的底圈壁板纵缝不应存在咬边		
	凹陷	环向焊缝	低于母材表面的凹陷深度	不得大于0.5mm
			凹陷的总长度	不得大于该焊缝长度的10%
			凹陷的连续长度	不得大于100mm
		纵向焊缝不得有低于母材表面的凹陷		

项　目				允许值	检验方法
对接接头的错边量	纵向焊缝	焊条电弧焊	当壁板厚度≤10mm	不应大于1mm	用刻槽直尺和焊接检验尺检查
			当壁板厚度>10mm	不应大于板厚的0.1倍，且≤1.5mm	
		自动焊	错边量均不应大于1mm		
	环向焊缝		δ≤8（上圈壁板）	≤1.5	
			δ>8（上圈壁板）	≯0.2δ且≯2	
角焊缝焊脚	搭接焊缝			按设计要求	用焊接检尺检查
	罐底与罐壁连接焊缝				
	其他部位的焊缝				
焊缝宽度：坡口宽度两侧各增加				1~2	
浮顶内浮顶储罐对接焊缝余高	壁板内侧焊缝			≤1	用刻槽直尺和焊接检验尺检查
	纵向焊缝		δ≤12	≤1.5	
			12<δ≤25	≤2.5	
			δ>25	≤3	
	环向焊缝		δ≤12	≤2	
			12<δ≤25	≤3	
			δ>25	≤3.5	
	罐底缝余高		δ≤12	≤2.0	
			12<δ≤25	≤3.0	

注：本表摘自《立式圆筒形钢制焊接油罐施工规范》GB 50128—2014。

二、油罐焊缝无损检测及质量标准

（一）油罐焊缝无损检测

油罐焊缝无损检测见表6-4。

表6-4　油罐焊缝无损检测

检测总要求	（1）从事储罐无损检测的人员，应按《特种设备无损检测人员考核与监督管理规则》进行考核，并取得国家质量监督检验检疫总局统一颁发的证件，方能从事相应的无损检测工作
	（2）罐壁钢板的最低标准屈服强度大于390MPa时，焊接完毕后应至少经过24h后再进行无损检测

检测总要求	（3）罐底的所有焊缝应采用真空箱法进行严密性试验，试验负压值不得低于53kPa，无渗漏为合格
	（4）齐平型清扫孔组合件所在罐壁板与相邻罐壁板的对接焊缝，应100%进行射线检测
	（5）焊缝的无损检测位置，应由质量检验员在现场确定
	（6）射线检测或超声检测不合格时，缺陷的位置距离底片端部或超声检测端部不足75mm时，应在该端延伸300mm做补充检测，延伸部位的检测结果仍不合格则应继续延伸检查
	（7）当板厚大于12mm时，可采用衍射时差法超声检测
	（8）底圈罐壁与罐底的T形接头的罐内角焊缝检查应符合下列规定： ①当罐底边缘板的厚度大于或等于8mm，且底圈板的厚度大于或等于16mm，或标准规定的最低标准屈服强度大于390MPa的任意厚度的壁板和底板，在罐内及罐外角焊缝焊完后，应对罐内角焊缝进行磁粉检测或渗透检测；在储罐充水试验后，应用同样方法进行复验 ②底圈罐壁和罐底采用最低标准屈服强度大于390MPa的钢板时，罐内角焊缝的初层焊道焊完后，还应进行渗透检测
	（9）罐壁钢板的最低标准屈服强度大于390MPa，或厚度大于25mm的碳素钢及低合金钢壁上的接管角焊缝和补强板角焊缝，应在焊完后（需消除应力热处理的应在热处理后）和充水试验后进行渗透检测或磁粉检测

检测分焊缝部位的要求

	焊缝的部位	焊缝形式	检测方法及要求
油罐底板	最低屈服强度大于390MPa的边缘板	对接焊缝	①在根部焊道焊接完毕后，应进行渗透检测
			②在最后一层焊接完毕后，应再次进行渗透检测或磁粉检测
	δ≥10mm的边缘板	对接焊缝	每条焊缝的外端300mm，应进行射线检测
	δ<10mm的边缘板		每个焊工施焊的焊缝，应按上述方法至少抽查一条
	三层钢板重叠部分	搭接焊缝和丁字焊缝	①根部焊道焊完后，在沿三个方向各200mm范围内，应进行渗透检测
			②全部焊完后，应进行渗透检测或磁粉检测

焊缝的部位			焊缝形式	检测方法及要求
油罐壁板	底圈壁板	δ≤10mm	纵向焊缝	应从每条纵向焊缝中任取300mm进行射线检测
		10mm<δ≤25mm		应从每条纵向焊缝中任取2个300mm进行射线检测，其中一个位置应靠近底板
		δ≥25mm		每条焊缝应进行100%射线检测
	其他各圈壁板	δ<25mm	纵向焊缝	①每个焊工焊接的每种板厚（板厚差不大于1mm时可视为同等厚度），在最初焊接的3m焊缝的任意部位取300mm进行射线检测
				②以后不考虑焊工人数，对每种板厚在每30m焊缝及其尾数内的任意部位取300mm进行射线检测
		δ≥25mm	纵向焊缝	每条纵向焊缝应100%射线检测
			环向对接焊缝	①每种板厚（以较薄的板厚为准），在最初焊接的3m焊缝的任意部位取300mm进行射线检测
				②以后对于每种板厚（以较薄的板厚为准），应在每60m焊缝及其尾数内的任意部位取300mm进行射线检测
				③上述检查均不考虑焊工人数
			除丁字焊缝外	①可用超声波检测代替射线检测
				②其中20%的部位应采用射线检测进行复验

注：本表根据《立式圆筒形钢制焊接油罐施工规范》GB 50128—2014摘编。

（二）焊缝无损检测的方法和合格标准

焊缝无损检测的方法和合格标准见表6-5。

表 6-5　焊缝无损检测的方法和合格标准

序号	焊缝无损检测的方法和合格标准
1	射线检测应按现行行业标准《承压设备无损检测　第 2 部分：射线检测》JB/T 4730.2（NB/T 47013）的规定执行，检测技术等级不应低于 AB 级；采用钢板标准屈服强度下限值大于 390MPa 的壁板，以及厚度不小于 25mm 的碳素钢和厚度不小于 16mm 的低合金钢壁板，焊缝质量不应低于该标准规定的 Ⅱ 级；其他材质及厚度的焊缝质量不应低于该标准规定的 Ⅲ 级
2	超声检测应按现行行业标准《承压设备无损检测　第 3 部分：超声检测》JB/T 4730.3（NB/T 47013）的规定执行，焊缝质量应不低于标准规定的 Ⅱ 级
3	磁粉检测和渗透检测部位不得存在任何裂纹和白点，并应按现行行业标准《承压设备无损检测　第 4 部分：磁粉检测》JB/T 4730.4（NB/T 47013）和《承压设备无损检测　第 5 部分：渗透检测》JB/T 4730.5（NB/T 47013）的规定进行缺陷等级评定，焊接接头质量应不低于标准规定的 Ⅱ 级
4	衍射时差法超声检测（TOFD）应按现行行业标准《承压设备无损检测　第 10 部分：衍射时差法超声检测》NB/T 47013.10 相关规定进行，焊缝质量应不低于标准规定的 Ⅱ 级

第四节　金属立式油罐
严密性和强度试验

一、罐底的严密性试验

储罐底板焊缝应进行严密性试验，试验前应清除焊缝周围一切杂物，除净焊缝表面的锈泥。试验方法主要有底板真空试漏法和氨气渗漏法。

（一）真空试漏法

在罐底板焊缝表面刷上肥皂水或亚麻子油，将真空箱扣在焊缝上，其周边应用玻璃腻子密封。真空箱通过胶管连接到真空泵上，进行抽气，观察经检校合格的真空表，当真空度达到

0.053MPa 时，所检查的焊缝表面如果无气泡产生则为合格。若发现气泡，作好标记进行补焊，补焊后再进行真空试漏直至合格。

(二)氨气渗漏法

(1)沿罐底板周围用黏土将底板与基础间的间隙堵死，但应对称留出 4~6 个孔洞(以检查氨气分布情况)。

(2)在罐底板中心及周围均匀地开出 3~5 个 $\phi18~20mm$ 的孔，焊上 $\phi20~25mm$ 的钢管，用胶管接至氨气瓶的分气缸。

(3)在底板焊缝上涂以酚酞 - 酒精溶液。其成分按质量比为：酚酞 4%，工业酒精 40%，水 56%。天气寒冷时，应适当提高酒精浓度。

(4)向底板下通入氨气，用试纸在底板周围留好的孔洞处检查，验证氨气在底板下已分布均匀后即开始检查焊缝表面(此时在焊缝上刷酚酞 - 酒精溶液)，如其表面呈现红色，则表示有氨气漏出(即此处焊缝漏气)，在漏气处作好标记。

(5)底板通氨气时，严禁在附近动火。底板补焊前，必须用压缩空气把氨气吹净，并经检验合格后方可进行补焊。

(6)试验完毕后，底板上的孔洞应用与底板同材质同厚度的钢板盖上焊好。

二、罐壁严密性和强度试验

(1)在向罐内充水过程中，应对逐节壁板和逐条焊缝进行外观检查。充水到最高操作液位后，应持压 48h，如无异常变形和渗漏，罐壁的严密性和强度试验即为合格。

(2)在充水过程中，容积大于 3000m³ 的储罐，其充水速度不宜超过以下规定：下部 1/3 罐高为 400mm/h；罐高中部为 300mm/h；上部为 200mm/h。放水时应打开罐顶透光孔自流排水，注意不要使基础浸水。

(3)试验中罐壁上若有少量渗漏处，修复后可采用煤油渗漏法复验；对于有大量渗漏及显著变形的部位，修复后应重新作充水试验。修复时应将水位降至渗漏处 300mm 以下。

（4）充水试验，应符合下列规定：

①充水试验前，所有附件及其他与罐体焊接的构件，应全部完工。

②充水试验前，所有与严密性试验有关的焊缝，均不得涂刷油漆。

③充水试验应采用淡水，罐壁采用普通碳素钢或 16MnR 钢板时，水温不应低于 5℃。罐壁使用其他低合金钢时，水温不低于 15℃。对于不锈钢储罐，水中氯离子含量不得超过 25μg/g。铝浮顶试验用水不应对铝有腐蚀作用。

三、油罐固定顶严密性和强度试验

（1）固定顶的严密性试验和强度试验按如下方法进行：在罐顶装 U 型压差计，当罐内充水高度低于最高操作液位 1m 时，将所有开口封闭继续充水，罐内压力（通过观察 U 型压差计）达到设计规定的压力后，暂停充水。在罐顶焊缝表面上涂以肥皂水，如未发现气泡，且罐顶无异常变形，则罐顶的严密性和强度试验即为合格。

（2）固定顶的稳定性试验：通过充水到设计最高操作液位，用放水方法来进行。试验时，关闭所有开口进行放水，当罐内压力达到设计规定的负压值时，罐顶无异常变形和破坏现象，则认为罐顶稳定性试验合格。

（3）罐顶试验时，要注意由于气温骤变而造成罐内压力的波动，应随时注意控制压力。确保试验安全。

第五节　金属立式油罐水压整体试验

油罐水压整体试验，简称注水试验，它是在施工过程中，

质量检查基础上，对油罐设计、安装进行全面质量检查的重要
手段。

一、注水试验的主要检查内容

（1）油罐基础沉降情况；

（2）油罐顶板强度、稳定性及其严密性；

（3）油罐壁板强度、稳定性及其严密性；

（4）内浮顶油罐浮盘严密性、强度、密封程度及其升降、沉
没试验；

（5）部分或大部分消除焊接安装中产生的内应力，使油罐各
部尺寸趋于稳定，提高测量精度。

二、注水试验的准备工作

（1）注水试验的前提条件。

①注水试验是在施工过程中进行质量检查（含顶板、壁板、
底板各部尺寸和严密性检验，以及焊缝无损伤检查等）的基础上
进行的。

②注水试验是在油罐安装完毕，初验油罐、附件达到技术
要求之后进行的。

③注水试验是在油罐防护处理之前进行的。

这三个前提条件是保证注水试验顺利进行及注水试验质量
的必要而充分的条件。

（2）进一步检查油罐及其附件，以及进出油管、排污管的技
术状况，使之符合技术要求。

（3）清理现场，使其道路、排水畅通，现场无影响注水试验
正常作业的障碍。

（4）确定注水试验的水源及排水的去向。注意排水积存对油
库其他建筑或设施的影响。

（5）准备并安设注水试验中检查压力、真空度的 U 型压力
计，以及带短管的法兰盲板。

（6）确定注水方法和注水工艺流程，准备注水设备，并将其安装就位，检查技术状况，使其符合运行的技术要求。

（7）按照安全系统工程的方法，预测注水试验中可能出现的危险和问题，并研究解决的措施。

（8）确定水准点（参考点）和观察点。水准点应设在距油罐或其他建筑50m以远，不受外界影响的地方，埋深不小于1m，且在当地冻土层以下。观察点通常设4~8个，沿油罐圆周布置，间距角度90°或45°。可用60mm×30mm×6mm钢板焊在罐下部。

（9）准备好测量、检查仪器和工具，设计、印制记录表格和记录簿。

（10）组织参加注水试验人员学习注水试验的方法步骤、目的要求、注意事项及岗位职责，并进行严密分工，明确每个岗位的职责和要求。

（11）必要时可组织参加注水试验人员进行模拟操作的训练，按可能出现的危险和问题及采取的措施进行演练。

三、注水试验

注水前再次检查罐顶三孔（采光孔、呼吸系统短管口孔、测量短管口孔），使其至少有一个孔口与大气相通，通常情况都将采光孔打开，以防罐内升压翘底。

1. 注水要求

（1）注水速度应控制在100~150m/h，不应超过150m/h。

（2）注水高度至1.0~1.5m时，进行罐顶各项检验。

（3）注水高度每上升2.5m时，暂停注水，对油罐各部进行检查，测量罐基下沉情况。

（4）注水过程中，若发现油罐渗漏应作出标志，并停止注水，将水位降至渗漏部位以下，进行修焊。

2. 油罐顶部的检验

罐顶注水检验是在施工中对顶板用煤油喷射方法或其他方

法检查严密性的基础上进行的。注水高度至 1.0～1.5m 时，进行罐顶板的质量检查。

(1)注水高度 1.0～1.5m 时，安装带测量短管的法兰盲板，将呼吸短管或测量短管封闭，并将 U 型压力计与短管连接，其他孔口全部密封。

(2)准备就绪后，向罐内缓慢注水。试验压力为控制设计压力的 1.2～1.25 倍，但不得超过 1.25 倍。如设计压力为 1.96kPa(200mmH$_2$O)时，试验压力应为 2.35～2.45kPa(240～250mmH$_2$O)。如试验压力过高油罐会发生翘底。

(3)达到试验压力后，检查顶板是否有异常变形，同时用肥皂水涂刷焊缝。如有气泡出现，说明漏气，应做出标志待修。焊缝全部检查完后，打开罐顶密封孔口，修焊渗漏部位。然后重新检漏。

(4)罐顶板无异常变形、无渗漏，即认为强度和严密性合格。

(5)检漏完成后，打开放水阀(部分打开)缓慢排水降低罐内液位。当罐内真空度达到设计真空度的 1.2～1.25 倍时，立即关闭排水阀，真空度稳定后检查顶板。如设计真空度为 0.49kPa(50mmH$_2$O)时，试验真空度应为 0.588～0.613kPa(60～63mmH$_2$O)。

(6)罐顶板无异常变形，则认为稳定性合格。这里应注意的是，罐内真空度过大会将油罐吸瘪，必须十分注意。

3. 油罐基础沉降检查

油罐基础沉降检查，通常罐内注满水后保持 48～72h，如有下沉现象应继续观察，直到沉陷趋于稳定为止。整个沉陷过程中，基础不均匀下沉量应不超过直径的 1.5‰，但最大不超过 40mm 为合格。

(1)油罐注水之前应测量水准点和观察点的原始高程，并记录于设计的表格内。可用相对高程，即将水准点高程定为 ±0.00，读数应精确到毫米。

（2）罐内每注水2.5m高都应按规定进行测量，直到罐内注满水为止。拱顶罐注水至圈板上沿加强角钢，球顶罐注水至球顶矢高的2/3。停止注水时测量一次。

（3）油罐注满水后，每隔1h测量一次，共测4次；再每隔3h测量一次，共测2次；然后每隔6h测量一次，直至沉陷趋于稳定为止。

（4）油罐下沉稳定后（不少于48h），即可开始分次卸水，每卸2.5m高的水测量一次高程，以便掌握地基回弹情况。

（5）每次测量的高程必须如实记录。如出现读数异常时，应查明原因，重新测量。

（6）基础沉降测量应延续至油罐投入运行之后。即油罐投用后，半年内每月测量1次，以后每半年测量1次，每次大暴雨后都应测量。每次腾空油罐后也应测量，至少3次。这样就可以全面了解基础情况。

4. 油罐壁板检查

油罐壁板检查是在施工中质量和严密性检查的基础上进行的。即其垂直度、椭圆度、凸凹不平度，以及焊缝质量符合技术要求，严密性检查是在不渗不漏的基础上进行的。

这项检验是在检查顶板及基础沉降检查的过程中，每次进行检查、测量时都应对壁板进行检查。如整个检查中壁板未发生渗漏及异常变形，则认为强度、稳定性、严密性合格。

这里应注意的是如出现较大的渗漏或多处渗漏及显著变形，修复后应重新进行注水试验；如个别渗漏、且修焊质量可以保证时，可用其他方法检漏。

5. 浮盘升降检查

内浮顶油罐除顶板检查改为浮盘检查外，壁板、基础沉降检查同上所述。浮盘检查主要是检验浮盘在升降过程中有无卡涩、倾斜现象，油罐每圈壁板与密封板的密封程度，以及浮盘的强度、浮船（浮筒）的密封性和浮盘的沉没试验。

（1）内浮顶油罐进水前应严格检查油罐的垂直度和椭圆度；

对浮船或浮筒检查其密封性，保证这两项符合技术要求。确认无误后才能注水试验。

（2）每次注水或卸水过程中应有两人在浮盘上进行观察、检查，跟踪浮盘升降情况。应对浮船、浮顶各部焊缝、密封装置、导向装置等进行详细观察和检查。如发现卡涩、突升、突降现象应查明原因，排除后重新试验。

（3）浮盘升降过程中应用 3mm×50mm×1000mm 塞尺检查每圈壁板与密封板间的密封程度。密封板与罐壁内表面应紧密相贴，其密封面长度不得小于圆周长度的90%。如塞尺能自由落下者为不密封，不密封处最大间隙不应超过6mm。

（4）浮盘在整个升降过程中，升降均匀平稳，密封程度良好，导向部无卡涩现象，整个浮顶无异常情况，则认为强度、密封程度合格。

（5）沉没试验，一般是在浮顶注入250mm深的水，检查浮盘有无变形、焊缝有无破裂、升降是否平稳，各部零件是否符合要求。这项有的规定可不做。如何处理应根据设计要求进行。

四、注意事项

（1）注水试验前焊缝不应有焊渣，且不应进行防腐处理，以免形成假象。

（2）注水试验过程中，水的温度不应低于5℃，当地气温也应在5℃以上。

（3）注水过程中，始终应在严密监视下进行，各岗位人员必须坚守，认真按要求进行检查。

（4）注水试验中，与油罐相连的管路应用柔性连接，以免油罐基础沉降时折断管线，或者拉坏罐壁。

（5）油罐卸水时，必须将罐顶三孔打开，以免发生吸瘪油罐事故。

（6）如有需修焊的地方，必须将原焊缝铲除后修焊，不得在焊缝上再焊。

（7）整个注水试验的情况，必须详细记录，如各种异常情况及处理方法、措施，各种测量试验数据，以及岗位人员、测量试验人员和时间等。

（8）注水试验结束后，应将记录进行整理，连同原始记录，作为验收资料移交，验收后应作为技术档案长期保存到油罐报废拆除。

第六节 金属立式油罐内浮盘安装过程中质量控制与检测

一、产品质量检验重点

产品质量检验包括原材料进厂质量检验、预制加工件质量检验、安装工作质量检验、专用部件质量检验，以及产品交付使用单位的验收质量检验等。其中最主要的是产品质量检验，从不同角度、不同方面、不同内容全面地鉴定产品的综合性能和质量水准。

零部件半成品预制加工时的质量检验指导书中，应重点提出产品验收的内容、要求与质量标准。

二、内浮盘油罐的现场检测项目

为掌握待装浮盘的油罐实际情况，制定相应的安装措施；遇有个别项目实测数据超差时，便于查找原因，制定对应方案；能及时向建设单位反映情况，相互沟通，共同协商解决，必须现场检测油罐相关数据，表6-6列出了观测项目及相应要求的标准值，实测值应通过现场检测填入该表中，为浮盘制作加工提供依据。

表 6-6 油罐现场实测数据

序号	观测项目	标准值	实测值
1	罐体焊接形式	分搭接式和对接式	×接式
2	罐体实际内径	客户提供内径	φ××m
3	罐体与罐底的垂直度	最大垂直偏差为罐壁全高的5‰	×‰
4	罐体的椭圆度	最大偏差为±30mm	±××mm
5	量油管与罐底的垂直度	最大垂直偏差为油管全高的3‰	×‰
6	罐底坡度	不大于15‰	××‰
7	罐内壁打磨情况	应无焊瘤、毛刺，表面光滑不划手	无

三、内浮盘安装过程中质量控制（检测）与验收内容

按照安装顺序逐项规定浮盘安装及验收的具体要求（标准值）见表6-7。

表 6-7 安装过程质量控制及验收参数（要求）检测

序号	项目内容		标准值	检测手段及方法	备注
1	检测油罐	①罐壁与罐底的垂直度	最大垂直偏差为壁高的5‰	线锤、直尺	浮盘安装前需要复查的内容
		②罐壁的椭圆度	最大偏差±30mm	卷尺，测量任意直径处	
		③量油管与底板的垂直度	最大偏差为量油管高的3‰	线锤、直尺	
		④罐壁是否打磨光滑	无焊瘤、焊疤、毛刺，表面光滑	目测、手感	
2	找罐底的中心点		最大偏差为±20mm	卷尺、圆规、样冲、榔头	

序号	项目内容		标准值	检测手段及方法	备注
3	骨架、圈梁、浮子、支腿装配	①骨架的椭圆度	最大偏差为±30mm	卷尺	
		②骨架的水平度	最大偏差为±20mm	水平仪	
		③圈梁的垫梁与罐壁间隙	190±40mm	直尺	
		④支腿与罐底板的垂直度	垂直偏差±10mm	线锤、直尺	
		⑤紧固件固紧	以压平弹簧垫圈为准	目测、扳手试拧、手感	
4	量油装置安装	①密封橡胶垫和量油管接触情况	浮盘上下运行时,应无明显间隙,贴附可靠	目测	
		②无量油管的量油装置	确保量杯和量尺操作自如	实际操作试验	
5	通气阀安装	①通气阀杆活动是否自如	活动自如,应无卡住及阻滞现象	将阀杆提高200mm,自由落下时下滑顺利	
		②通气阀盖和阀座的密封	不漏光	打开手电筒,从阀壳体下部向上照,上部应看不到手电光	
		③阀盖与阀座的接触	由于橡胶垫的作用,相互作用时应无金属碰撞	目测、耳听	
		④当浮盘在油罐最低位置时	通气阀杆应高出浮盘30mm以上,完全通气	目测、尺检	

序号	项目内容	标准值	检测手段及方法	备注
6	铝盖板铺设	①铝盖板搭接处是否有耐油橡胶条,搭接处铝板面是否涂有专用粘接胶液	铺设均匀,保证水(严)密,铆接牢固	目测	使用专用粘接胶液是确保密封的关键
		②铝盖板的水平度	最大偏差±10mm	粉线、直尺	
		③做好行走标记	准确,不漏标识	目测	
		④铝铆钉间距	均匀,铆接可靠,铆钉间距不大于100mm	目测	
		⑤操作人员有无乱踩踏铝盖板的现象	铝盖板上不允许有较严重变形、脚印	目测	
7	防转装置安装	①找正浮盘与油罐的同心度	同心度的允许偏差10mm;浮盘四周用专用工具卡住,与罐壁保持相对固定	线垂,直尺、专用定位工具	至少有6点卡住浮盘
		②检查罐顶所开圆孔与浮盘防转装置中心的偏移度	允差±5mm	线锤和直尺	
		③防转钢丝绳的松紧程度	钢丝绳的摆幅为±50mm	手握住钢丝绳摆动,目测	
		④钢丝绳头是否锁紧	应无松动现象	扳手,手感	

序号	项目内容		标准值	检测手段及方法	备注
8	舌形橡胶带安装	①接头工艺是否符合规程	按胶带生产厂家提供的资料要求和胶液接口粘接	目测	
		②舌形橡胶带在上下运行时应能翻转自如	无不翻转区段	目测	
		③舌形橡胶带的安装尺寸是否符合要求	舌形橡胶带舌尖部搭在罐壁上的尺寸 50mm±20mm	直尺	
		④舌形橡胶带的密封性	密封度大于90%	将1mm钢直尺插入舌形橡胶带与罐壁之间,直尺不会滑落	
9	浮盘接地测试	①接头是否可靠	应无松动现象	扳手,手感	
		②接地电阻	<10Ω	接地电阻测试仪、导线、扳手	
		③接触电阻	<0.03Ω		

按上述各项测试要求,必须逐项进行实测,将实测数据分别编入浮盘安装施工现场检测记录内,并从中归纳总结出测试结论作为浮盘竣工交验的主要依据资料。

在进行项目数据检测时,应请建设单位和监理单位人员到场,并对测试数据予以确认。

四、编写内浮盘交验竣工资料

通过编写浮盘竣工验收资料是全面反映所安装浮盘质量的主要技术资料。

(1)主要技术资料。

①浮盘安装开工报告。

②浮盘安装施工现场检测记录。

③浮盘充水试验升降、间隙(密封带与罐壁的间隙)检测记录表。

④浮盘安装竣工报告。

⑤单项工程竣工验收证明书。

⑥安装过程质量控制及验收参数(要求)检测表。

⑦内浮盘安全注意事项备忘录。

⑧内浮盘制造安装综合质量评语。

⑨浮盘使用、保养、维护守则。

(2)还有一些质量证明文件,当建设单位有需求时,提供复印件。

①金属构件材质合格证明书(分析单)。

②浮子质量合格及测试项目检验合格证明书。

③舌形橡胶带及耐油橡胶板、专用铝板黏合胶液质量合格证明书。

④预制构件加工检验出厂合格证。

⑤铝制盖板卷材出厂证明书。

⑥其他材料、标准件采购合格证明书(包含商品标签)。

第七节 金属立式油罐防腐涂层质量检验

一、涂层质量要求

(1)涂料种类、名称、牌号,涂装的道数和厚度应符合设计要求。

(2)涂层厚度用涂层测厚仪检测,每道、每罐检测不少于20处(底板10处,壁板、顶板各5处)。如果检测点中,厚度有4

处不合格时，应再抽测 10 处，仍有不合格点时，则认为不合格，应采取补救措施。

(3)外观检查。涂层表面平整，色泽均匀、光洁，无流挂、起皱、气泡、针孔、脱皮等缺陷。

(4)涂层厚度达到设计、说明书、合同规定的厚度，允许偏差在 -25μm 以内。

(5)涂层附着力应不低于 2 级。

二、涂层检测方法

(一)检测方法

检测方法见表6-8。

表6-8　涂装工程质量要求和检测方法

检查项目	质量要求	检查方法
脱皮、漏刷、泛锈、气泡、透底	不允许	目测
针孔	不允许	5~10 倍放大镜检查
流挂、皱皮	不允许	目测
光亮与光滑	光亮，均匀一致	目测
分色界线	允许偏差为 ±3mm	钢尺
颜色、刷痕	颜色一致，刷纹顺畅	目测
涂层厚度	不小于设计厚度	涂层测厚仪检测
附着力	不低于 2 级	

注：涂刷银色时，漆膜应均匀一致，具有光亮色泽；无光漆，可不检查此项；涂层总厚度偏差 -25μm 以内。

(二)检测结果

检测结果包括分层质量外观检查和涂层质量检测两种。

(1)分层外观检查主要检查涂层表观质量和涂料用量，分层质量检查结果填见表6-9。

表6-9 涂装分层外观质量检查表

油罐编号		结构形式		公称容量	m³
开工日期	年 月 日	检测日期		年 月 日	
涂装部位		涂覆方法			
涂装面积	m²	涂层设计总厚度		μm	
道数	第 道	单道涂层设计厚度		μm	
涂料名称		涂料用量		kg	
项 目		外观质量情况			
脱皮、漏刷、泛锈、气泡、透底					
针孔					
流挂、皱皮					
光亮与光滑					
分色界线					
颜色、刷痕					
建设单位检验员		施工单位检验员			

（2）涂层质量检测主要检查涂料用量、涂层表观质量、涂层厚度和涂层附着力，检测结果填入表6-10。

表6-10 涂层质量评定表

油罐编号		油罐类型		
油罐容量	m³	储油品种		
上次防腐时间		本次防腐时间		
防腐涂料名称		涂料用量		kg
涂装部位	涂覆时间	年 月 日至 年 月 日		

序号	检验项目	外观质量情况
1	漏刷	
2	脱皮、泛锈、气泡、透底	
3	针孔	
4	流挂、皱皮	
5	光亮与光滑	
6	分色界线	
7	颜色、刷痕	

序号	规定值/μm	实测项目/μm	允许偏差/μm	各检查点涂层实测厚度/mm									
				1	2	3	4	5	6	7	8	9	10
1													
2													
3													
4													
5													
6													
合计	共检查　点，其中合格　点，合格率　%												

检测评定意见		评定等级	
油库(代表)		施工负责人	
质量检验员		检验日期	年　月　日

三、涂层附着力的分级和检测

涂层附着力检测有多种方法，其中划圈法和划格法较为方便，还有一种由此演变而来的双线相交法。

双线相交法检验涂层附着力如下。

（1）适用范围。适用于在施工现场检验油罐涂料防腐涂层附着力。

（2）检查方法。在防腐涂层上面用刀尖划两条相交线，将防腐涂层切割透，在两切割线相交处用刀尖挑防腐涂层，判断附着力是否合格。

（3）检验步骤。用刃口锋利的尖刀在防腐涂层上划两条每边长约40mm的V形切割线，两线交角为30°～45°。

①切割时，应使刀尖和检查面垂直，并做到切削平稳无晃动。

②仔细检查切口，应确保防腐涂层切割透。

③用锋利的刀尖在两切割线交角处，挑防腐涂层，检查切割线所围区域内防腐涂层和基材的粘接情况。

④记录检验结果。

（4）结果评定。防腐涂层实干后只能在刀尖作用处被局部挑起，而其他部位防腐涂层和钢板表面仍然粘接良好，不得出现防腐涂层被成片挑起和层间剥离的情况；固化1个月后用刀尖很难将防腐涂层挑起，视为合格。

第八节　金属立式油罐安装
工程质量要求

为方便查阅与使用，根据相关规范与技术标准将立式油罐安装工程质量要求，对本章所涉及的质量检查要求进行综合，分为保证项目、基本项目、允许偏差项目整理成表6-11，供参考。

表6-11 油罐工程质量要求

项别	项目		质量标准	检验方法	检查数量
保证项目	1	施工资质 单位	具有油罐安装施工资质	检查复印件或原件	按各种容积油罐的座数各抽查10%，但不少于2座，其中均应包括最大容积的油罐
		施工资质 焊工	具有相应焊接项目资质		
		施工资质 无损检测	具有相应无损伤检测项目资质		
	2	试压	严密性、强度、浮顶升降、沉没及密封程度试验等，必须符合设计要求和《立式圆筒形钢制焊接油罐施工规范》	检查试验记录	
	3	焊接	表面不应有夹渣、气孔等缺陷；焊缝表面及热影响区不得有裂纹；有特殊要求的焊缝必须符合设计要求和规范规定	用小锤轻击和放大镜观察检查。有特殊要求的检查焊缝试验记录	
	4	浮顶油罐密封	密封装置的密封接触面长度和不密封处的间隙应符合GB 50341—2014的规定	用3mm×50mm×1000mm的塞尺检查或检查施工记录	
基本项目	1	焊缝	表面不应有夹渣、气孔等缺陷	用小锤轻击和放大镜检查	
	2	浮顶油罐排水管	排水管安装位置应正确，牢固严密，升降灵活，水压试验符合设计要求	观察并检查试验记录	
	3	浮顶油罐导向架	导向架中心线与伸缩管中心线应在同一水平线上	观察检查	
	4	附件安装	安全阀、液位计、呼吸阀、泡沫产生器等附件，在安装前应按设计要求进行试验检查；安装后位置应正确、牢固严密，操作机构灵活，位置准确	逐个用拉动或观察检查，并检查试验记录	
	5	油罐加热器	罐内加热管的坡度和水压试验应符合设计要求和规范规定	用水准仪或水平尺、拉线和尺检查，或检查测量记录，检查水压试验记录	
	6	梯子、平台、栏杆	安装位置应符合设计要求，横平竖直、角度正确，焊接牢固，平台表面应平整	观察检查	
	7	油漆	铁锈、污垢应清除干净；油漆应涂刷均匀，无漏涂，附着良好	观察检查并检查检测记录	

项别		项目	质量标准		检验方法	检查数量
允许偏差项目	1	油罐基础	中心位置标高与基础表面倾斜度允许偏差		应符合 GB 50128—2014 的规定	检查施工记录
	2	油罐几何寸尺	罐壁高度的允许偏差		< 0.5% 设计高度，且≤50mm	尺检
			罐壁垂直度的允许偏差		< 0.4% 罐壁高度，且≤50mm	吊垂线，尺量或经纬仪检测
			罐壁焊缝变形/mm	$\delta \leq 12$	≤12	检查施工记录
				$12 < \delta \leq 25$	≤10	
				$\delta > 25$	≤8	
			罐壁局部凸凹变形	$\delta \leq 12$	$\delta \leq 15$	
				$12 < \delta \leq 25$	≤13	
				$\delta > 25$	≤10	
			底圈壁内半径允许偏差/mm	$D \leq 12.5$	±13	
				$12.5 < D \leq 45$	±19	
				$45 < D \leq 76$	±25	
				$D > 76$	±32	
			罐壁焊迹		清除干净，焊疤打磨平滑	目视检查
	3	浮顶安装	浮舱顶板的局部凹凸变形，应用直线样板测量		不应大于 15mm	检查安装施工记录
			单盘板的局部凹凸变形		不应明显影响外观及浮顶排水	
			外浮顶的外边缘环板与底圈壁板之间的间隙		在安装位置允许偏差为 ±15mm	
			在充水试验过程中，浮顶在任何其他高度		允许偏差应为 ±50mm	
		固定顶安装	固定顶成型应美观，其局部凹凸		变形应采用样板检查，间隙不应大于 15mm	
			支撑柱的垂直度		不应大于 1‰，且不应大于 10mm	

项别	项目				质量标准	检验方法	检查数量
允许偏差项目	4 焊缝质量	对接焊缝	咬边	深度	<0.5	用焊接检验尺,检查罐体各部位焊缝	
				连续长度	≤100		
				焊缝两侧总长度	≤10%L		
		凸陷	环向焊缝	深度	≤0.5		
				长度	≤10%L		
				连续长度	≤100		
			纵向焊缝		不允许		
		壁板焊缝	变形角	δ≤12	≤12	用1m长样板检查	
				12<δ≤25	≤10		
				δ>25	≤8		
		对接接头错边量	纵向焊缝	δ≤10	≤1	用刻槽直尺和焊缝检验尺检查	
				δ>10	≤0.1δ,且≤1.5		
			环向焊缝	δ≤8(上圈壁板)	≤1.5		
				δ>8(上圈壁板)	≤0.2δ,且≤2		
		角焊缝焊脚	搭接焊缝		按设计要求	用焊接检验尺检查	
			罐底与罐壁连接的焊缝				
			其他部位的焊缝				
		焊缝宽度,坡口宽度两侧各增加			1~2		
		浮顶油罐对接焊缝余高	壁板内侧焊缝		≤1	用刻槽直尺和焊缝检验尺检查	
			纵向焊缝	δ≤12	≤1.5		
				12<δ≤25	≤2.5		
				δ>25	≤3.0		
			环向焊缝	δ≤12	≤2.0		
				12<δ≤25	≤3.0		
				δ>25	≤3.5		
			壁底板焊缝	δ≤12	≤2.0		
				12<δ≤25	≤3.0		
	5 油罐防腐	漆膜厚度允许偏差			最大偏差≤-25μm	漆膜厚度检测仪检查	
		漆膜附在面上力			2级	划格法、两线交叉法、划圈法	
		漆膜缺陷(脱皮、漏刷、泛锈、气泡、透底、针孔、流挂、皱皮等)			不允许	目测、5~10倍放大镜检查	

第九节 金属立式油罐竣工验收

油罐安装工程的竣工验收，是将油罐工程从施工单位移交到建设(使用)单位的法定程序，是确保油库安全、使用可靠的重要环节。通过验收可为油库管理提供有利条件和基础资料。

油罐竣工后，由建设、设计、施工、监理单位共同进行验收，按照设计文件和相关规范和标准，对油罐工程质量进行全面检查和验收。

一、竣工验收的条件

(1)油罐主体、附(部)件安装、充水试验、涂料防腐等全部完工，施工单位自验(或与监理共检)、试验合格，监理、设计、油库出具同意交工验收意见。

(2)油罐内外、周围场地清理干净。

(3)施工单位向建设单位上报"工程质量自检情况"和"交工验收申请报告"。

(4)油罐施工资料进行了整理。

二、竣工验收的组织

(1)竣工验收工作由设计、施工、监理、建设和使用单位及上级主管业务部门的人员，共同组成竣工验收委员会。

(2)委员会成员中应有参加设计、施工、监理的人员及建设(使用)单位的技术人员。

(3)委员会下可设工艺、资料、财务等专业小组，其成员至少应有50%具有相应专业职称。

三、竣工验收的程序、内容及方法

油罐竣工验收采取听汇报、现场检测、查阅核对资料等方法对油罐工程进行全面检验，其验收程序是：准备工作→听取施工情况汇报→现场检查→工程质量评定及问题处理→签署工程验收书→移交工程档案资料。

1. 准备工作

(1)油罐竣工验收委员会拟定好验收方案。

(2)施工单位准备好工程情况介绍，对尚存问题的处理意见，验收证件和施工技术资料、图纸、签证、施工记录等材料。

(3)建设(使用)单位准备好参与施工管理的材料，对尚存问题的处理意见，以及相关文件、资料等。

(4)为便于验收顺利进行，应备齐所需工具、仪器(如电气仪表、转速表、水准仪、卷尺、皮尺等)及验收所需表格。

2. 听取施工等单位情况汇报

要着重汇报施工合同执行情况，施工过程中工程质量检查，特别是隐蔽工程施工验收情况，施工中对设计的重大变更，先进施工方法和新工艺、新设备、新材料的采用等内容。

3. 实施现场检查

现场检查由各专业组按计划分工负责实施。一般检查顺序是先罐内后罐外，其主要方法是：

(1)外观检查。在外观上检查内浮盘及附件、焊缝、防腐涂层有无明显的施工缺陷，质量是否完好；油罐附件(如人孔、采光孔、通风孔、进出油短管、排污短管、泡沫产生器……)是否完好齐全，并对工程质量作出鉴定。

(2)测试数据。用仪器、仪表检查(检测)相关技术数据(如接地电阻、涂层厚度、坡度、标高、相对位置……)。

(4)查阅核对施工、验收资料。根据施工图纸、技术要求与单项工程验收记录，对有关土建和安装情况进行全面核查，了解施工质量情况，以便从中发现问题，正确估价工程质量。

(5)调查、向有关单位了解工程的某些问题，弄清事情的本来面目，以便做出正确结论。

(6)各专业组按验收方案检查核对完毕，提出检查验收意见。

四、评定油罐安装工程质量与问题处理

（1）在现场检查的基础上，对油罐安装进行整体评定，作出结论，写入记录。

（2）对个别未完工程项目和检查、检测中发现质量问题，认真、慎重地研究协商，明确具体处理意见、完成时间和复验方法等。问题汇总见表6-12。

表6-12　油罐竣工验收存在问题汇总

序号	存在问题名称	问题部位	处理意见	完成时限	复验方法

（3）签署油罐安装工程证明书。按照一定格式的验收证明书，填写油罐安装工程质量与验收意见，建设、监理、质检、施工单位负责人签名、单位盖章。

（4）油罐交工验收证明书见表6-13，并将施工过程中对油罐基础、焊缝检验、充水检验、焊缝返修记录、几何尺寸等报告，以及各专业组检查验收意见、存在问题汇总应作为"验收证明书"附件。

表6-13　油罐竣工验收证明书

工程名称		工程编号	
油罐编号		结构形式	
容　　积	m^3	储存介质	
设计单位		材　　料	
开工日期		竣工日期	

工程质量意见：

竣工验收意见：

建设单位： （公章）	监理单位： （公章）	质量监督单位： （公章）	施工单位： （公章）
项目负责人： 　　年　月　日	现场代表： 　　年　月　日	现场代表： 　　年　月　日	项目负责人： 　　年　月　日

五、油罐竣工验收资料

油罐竣工后，建设单位应按设计文件和规范，对油罐工程质量进行全面检查和竣工验收。

施工单位应向建设单位提交如下竣工资料：

（1）油罐交工验收证明书；

（2）竣工图或施工图附设计修改文件及排版图；

（3）材料和附件出厂质量合格证书或检验报告；

（4）油罐基础检查记录；

（5）油罐罐体几何尺寸检查记录；

（6）隐蔽工程检查记录；

（7）焊缝射线探伤报告；

（8）焊缝超声波探伤报告；

（9）焊缝磁粉探伤报告；

（10）焊缝渗透探伤报告；

（11）焊缝返修记录（附标注缺陷位置及长度的排版图）；

（12）强度及严密性试验报告；

（13）基础沉降观测记录。

第七章　立式油罐的附件

油罐附件是油罐的重要组成部分，是保证油罐正常、安全地收发和储存油品的重要配套设备。按油罐附件的作用可分为进出油附件、计量类附件、呼吸装置三类，也可按专用附件和通用附件分类。特殊油罐或者储特定油品的油罐应配置专用附件，为便于使用管理而设置通用附件。此外，某些常用附件在不同类型的油罐上设置方式也有所不同。

第一节　立式油罐进出油、排水、进气及胀油附件

一、进出油附件

进出油附件有进出油接合管和设于进出油管路上的控制阀，如图7-1所示。这种基本流程和设备，可以完成进出油作业，但是安全性较差，一般只用于卧式油罐和小型油罐。

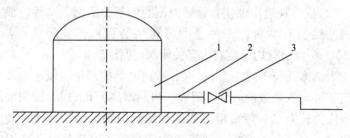

图7-1　进出油系统流程示意图
1—油罐；2—进出结合油管；3—控制阀门

（一）进出油接合管

进出油接合管安装在油罐最下层圈板上，其形式有两种，如图7-2所示。为防沉积在罐底的水分和杂质随油流出，进出油管距罐底一般不小于200mm。控制阀通常可选用闸阀或球阀，其公称压力必须符合油罐静压和泵送压力。

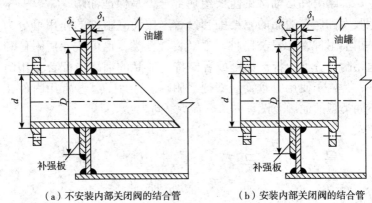

（a）不安装内部关闭阀的结合管　　　（b）安装内部关闭阀的结合管

图7-2　进出油结合管

（二）内部关闭阀

（1）内部关闭阀的种类。内部关闭阀是较大立式油罐及重要油罐的主要安全附件，主要有二类。一类是安装在油罐进出油结合管的罐内侧；另一类是安装在油罐进出油结合管的罐外侧。

（2）安装在进出油接合管罐内侧的内部关闭阀。这种内部关闭阀的结构有两种，一种是不带均压装置内部关闭阀（见图7-3），一种是有均压装置内部关闭阀（见图7-4）。

当油罐高等于或小于6m时，罐内油品的静压力较小，一般采用不带均压装置的内部关闭阀。当油罐高于6m时，罐内油品的静压力较大，一般采用有均压装置的内部关闭阀。这种阀门开启时，先打开小阀门，使进出油接合管内充满油品，在大阀门两边（进出油管与罐内）的压力趋于平衡后，再打开大阀门，从而使大阀门开启比较轻松。油罐高于6m时，也可用不带均压

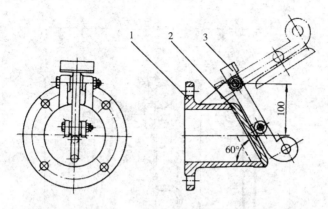

图 7-3 不带均压装置的内部关闭阀

1—阀体；2—阀盖；3—连杆

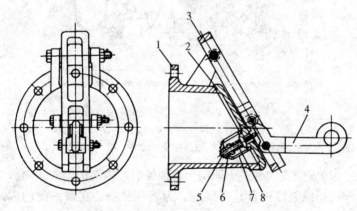

图 7-4 有均压装置的内部关闭阀

1—阀体；2—阀盖；3—连杆；4—杠杆；5—小阀门；6—弹簧座；7—阀架；8—弹簧

装置的内部关闭阀，但加设旁通管，如图 7-5 所示，当需开阀时，先开旁通阀门，使静压平衡后再打开内部关闭阀。

　　安装在进出油接合管罐内侧的内部关闭阀有两种安装形式。一种是在罐侧壁用绞盘操纵(见图 7-5)，这种方法最致命的缺点是绞盘穿过罐壁的密封处容易渗漏；另一种是在罐顶安装操纵装置，如图 7-6 所示，这种方法虽然不易渗漏，但是操作需要上罐顶，劳动强度大。

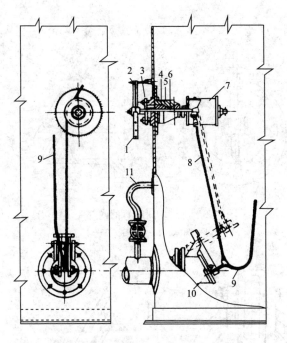

图7-5　内部关闭阀罐壁操作装置

1—操纵盘；2—制动器；3—填料函压盖；4—填料；5—填料函外壳；6—升降机轴；7—鼓轮；8—钢丝绳；9—接在采光孔处的备用钢丝绳；10—保险活门；11—旁通管

（3）安装在油罐进出油结合管罐外侧的内部关闭阀。内部关闭阀的操纵装置一直是个难题，为了克服安装在罐内侧的内部关闭阀的缺点，解决内部关闭阀的操纵装置问题，近年来利用杠杆原理和填料函密封原理研制了新型内部关闭阀，它安装在进出油结合管上，通过杠杆作用开启或关闭内部关闭阀（见图7-7），从而解决了内部关闭阀操纵装置存在的缺点。

(三)进出油管路上安装两只阀门

这种不设置内部关闭阀的流程使用较为普遍，如图7-8所示。靠近油罐的一只阀门，材料为铸钢的，起备用作用，平时常开，只有当远离油罐的那一只阀门（控制阀）出现故障或检修时才关阀。当然对于不经常进出油的油罐，两只阀门都常闭也

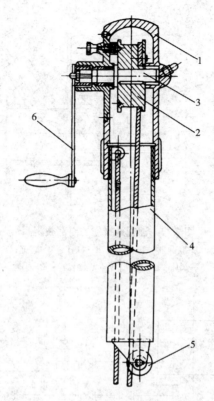

图7-6　内部关闭阀罐顶操纵装置

1—壳体；2—绳轮；3—转轴；4—连接管；5—滑轮；6—摇把

是可以的。因为少量的开关操作，不仅对严密性影响不大，而且可防止因长期不用而锈死。

二、排污放水装置

排污放水装置与进出油装置共同构成油罐的进出油系统，其流程形式根据罐的类型及作用而定。通常作为储存油用的油罐由于管路系统中多数不设专用放空管网，其流程形式见图7-8。图中阀门1、3为备用阀门，一般常开；阀门2、4为控制阀，一般常闭；进出油管路与排污管间平时用盲板或阀门隔开，当需要排除罐底水分和杂质时，先打开堵头6，再打开阀门4，

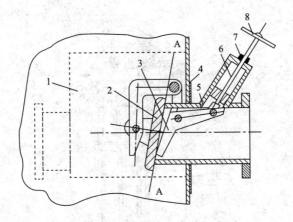

图 7-7 油罐外操作的内部关闭阀
1—联通器；2—阀盘；3—杠杆；4—罐壁；
5—阀体；6—丝杆；7—密封装置；8—手轮

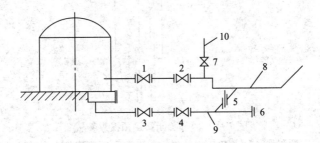

图 7-8 双阀门进出油系统流程示意图
1、3—备用阀门；2、4—控制阀门；5—眼圈盲板；6—堵头；
7—进气支管控制阀门；8—进出油管；9—排污放水管；10—进气支管

即可放出底水，直至有油流出，立即关阀门 4，再关堵头。

当需放空罐内油品时，应先打开阀门 2 排油，至排不出为止；再开堵头 6，开阀门 4，先排出罐底的水分、杂质，直至有油流出，再关阀 4，关堵头 6，打开盲板 5（或阀门），再开阀门 4，使进出油结合管以下的油品从输油管排出。

排污放水装置按其形式分为固定式放水管和带集污槽的放水管两种。

（1）固定式放水管。固定式放水管由排污放水管、阀门、堵头等组成，如图7-9所示。卧式油罐一般设一道阀门，立式油罐一般设两道阀门。

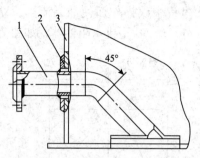

图7-9　固定式放水管
1—放水管；2—加强板；3—罐壁

（2）带集污槽的放水管。带集污槽的放水管由排污管、阀门、集污槽等组成，如图7-10所示。这种形式的排污装置，军队油库使用较多，地方油库使用较少。

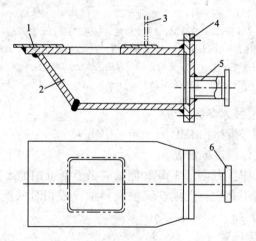

图7-10　带集污槽的放水管
1—油罐底板；2—集污槽；3—罐壁
4—集污槽盖板；5—放水管；6—法兰

三、排水阻油器

1. 结构图

为防止放水过程中误操作而使油品流失，立式油罐可安装
UMP93－80 或 UMP93－50 型排水阻油器，如图7-11所示。

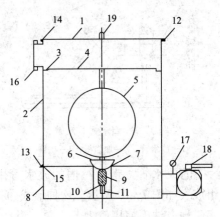

图7-11　油罐排水阻油器结构示意图

1—盖板；2—分液筒；3—定位栓；4—定位横杆；5—浮体；

6—阀体；7—阀口密封圈；8—排水筒；9—本重块；10—锁紧螺母；

11—导杆；12—上盖螺栓；13—中法兰螺栓；14—上盖密封圈；

15—中法兰密封圈；16—可旋法兰；17—压力表；18—球阀；19—排流阀

2. 主要技术参数

(1)型号规格：UMP 93－80，UMP 93－50。

(2)工作温度：常温。

(3)工作压力：0～1MPa(储油高小于13m 的油罐)。

(4)适用介质：汽油、航空燃料油，或相对密度小于0.79
的液体。

3. 安装位置

排水阻油器直接安装在排污控制阀门外端，使其筒体或排
水口位于集污井内，如图7-12所示。

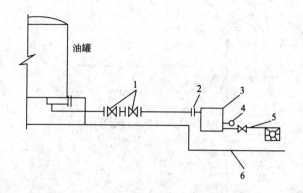

图7-12 油罐排水阻油器安装示意图

1—阀门；2—连接法兰；3—排水阻油器；4—压力表；5—球阀；6—集污井

4. 操作使用

在首次排水时，缓慢旋开上盖的排流阀门，排出筒内气体，有水溢出时立即关闭排流阀。当压力表指示有油罐液位压力时，缓慢开启出口球阀，开始排水。

当排水末端有油进入分液筒时，筒内阀门会自动关闭而停止排水，压力表指示为零，关闭出口球阀，结束排水作业。

5. 维护保养

定期清洗排水阻油器内部，确保各零件接触面和相对运动孔眼清洁、畅通；若油罐底部积水较脏，宜在排水阻油器进液口前安装管式过滤器；清洗油罐的大量污水不宜由排水阻油器排放。

四、其他形式的放水设施

1. 双管流程放水设施

图7-13是设有专用放空管路的油罐进出油系统流程。这种流程中的放空管网可兼作排水，称为双管流程。

2. 三管流程放水设施

油品质量要求较高的油罐，一般采用图7-14所示的流程形

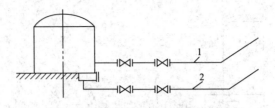

图 7-13　双管流程示意图

1—进出油管；2—放空管

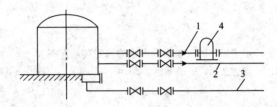

图 7-14　三管流程示意图

1—进油管；2—出油管；3—排污放水管；4—过滤器

式，这种流程中进油管、出油管、排污放水管均分开设置，称为三管流程。

五、进气支管

进气支管安装在进出油控制阀的外侧，一般由 $DN20$ 镀锌钢管和截止阀组成，用于放空管路中油品时向管路中进气。进气支管可每座油罐设置一只，也可同种油品管路的油罐组设一只。油罐组设进气支管时，一般设置在最高位置（通常也是最远）的油罐前。如果管路需要放空，在放空罐有富裕容量的情况下，应先关闭油罐进出油阀门，再开启管路到放空罐的阀门，最后开启进气支管上的阀门，由进气支管向管路中补充空气。

六、胀油管装置

油罐进出油作业后，在管路中的油品不排空时，一般应设置胀油管。其原因是管路内油品会受外界气温影响而热胀冷缩，从而损坏管路和附件。

胀油管设置在油罐进出油管控制阀的外侧，如图7-15所示。胀油管装置一般由镀锌钢管、控制阀、安全阀等组成。胀油管装置上部与油罐气体空间连通，下部与进出油管连接。油罐进出油作业后，若不放出管路内油品，打开胀油管装置的控制阀3，油品受热膨胀达到安全阀1控制压力时，可以顶开安全阀1进入油罐，以保证管路和附件不被损坏。胀油管装置可每座油罐设置一组，也可在同一种油品的油罐组相连的管路上的较高位置油罐前设置一组。安全阀的控制

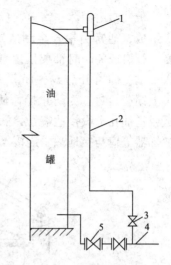

图7-15　胀油管示意图
1—安全阀；2—胀油管；3—截止阀；
4—输油管；5—阀门

压力应根据油泵的最高压力和管路系统所能承受的压力而定，控制压力过大，不能保证管路安全，过小则输入其他罐的油品有可能窜入本油罐。

第二节　立式油罐计量附件

一、量油帽

量油帽是油罐手工测量附件。它是测量罐内油面高度、油品温度和采取油样的油罐专用附件，每个油罐设一只。

卧式油罐一般安装在人孔盖上，立式油罐的量油孔安装在罐顶部中顶板上或梯子平台附近。当安装在梯子平台附近时，量油孔中心线一般离平台中心线约0.8m，离罐顶边缘约1m。

量油帽由帽体、帽盖、扳手、卡板（护板）、密封圈、短管等组成，通常由铝合金制造，如图7-16所示。扳手3带有压簧，开启或关闭时都要压缩弹簧；转动扳手3使卡板拖出或进入卡槽，即可开启或关闭。扳手把一端圆环与铰链孔相吻合，可上锁或铅封。为防止操作使用时产生静电火花，在量油孔附近或量油孔上设接地端子，测量油高、油温、取样时，量油尺、取样器等应与接地端子连接。这种量油帽关闭严密，不漏油气。

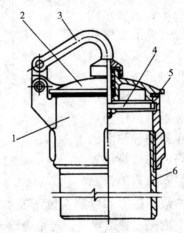

图7-16　轻油罐量油帽
1—帽体；2—帽盖；3—扳手；4—卡板；5—密封圈；6—短管

二、液位计及自动计量装置

（一）卧式油罐液位测量

为了方便计量和观测罐内液位，卧式金属油罐通常使用液位计。液位计由底板、玻璃管、阀门、保护装置等组成，通常每罐安装一只，测量时打开阀门，即可从液位计上读出液位高度。这种液位计除部分油库仍在使用外，已经逐步淘汰。现在使用较多的是磁效应等液位仪，这种液位仪可与计算机联网，传送测量数据。

（二）立式油罐液位测量

随着计量技术的不断发展，油罐的液位自动计量装置也在不断发展，从20世纪80年代使用称重式油罐液位计量装置开始至今，陆续出现了钢带、光纤、浮子丝振动、超声波、雷达等多种油罐液位自动计量装置，并可以远传与计算机联网。自动测量装置正在逐步代替手工测量。

第三节　立式油罐呼吸系统及附件

一、油罐呼吸系统概述

罐内存在气体空间的油罐，在进出油和储存过程中，其气体空间的压力会发生变化，需要进行呼气和吸气，从而保证油罐不被吸瘪或胀裂。通常油罐进出油时形成的呼气和吸气过程称为大呼吸，储存期间由于温度变化而引起的呼气和吸气过程称为小呼吸。油罐呼吸系统的作用就是为满足油罐大小呼吸需要而设置的。油罐呼吸系统的作用，一是控制罐内压力，减少蒸发损耗；二是引导油气排放到适宜的场所，防止油气积聚；三是防止罐外危险温度和明火进入油罐，预防着火爆炸事故；四是维护油品质量，保护人员健康。

对于储存不易蒸发，闪点较高的润滑油等油品罐的呼吸系统，一般都不控制压力，主要作用是通气和保护油品，称为通气系统。因此，油罐呼吸系统主要是对原油油罐和轻质油品油罐而言的。油罐的呼吸系统通常由呼吸管、呼吸阀、阻火器等组成。其具体设置因油罐的形式不同而有所差别。

二、油罐呼吸系统的组成与作用

（一）地面立式油罐及掩体立式油罐呼吸系统
地面立式油罐和掩体立式油罐的呼吸系统有多种配置方式，

如图 7-17 和图 7-18 所示。

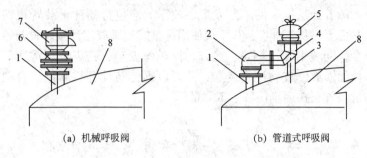

(a) 机械呼吸阀　　　　　　(b) 管道式呼吸阀

图 7-17　地面、半地下油罐呼吸系统
1—呼吸短管；2—管道式呼吸阀；3—支撑；4—弯头；
5—Jz-1 型阻火阀；6—ZGB-Ⅰ型阻火器；7—机械呼吸阀；8—油罐

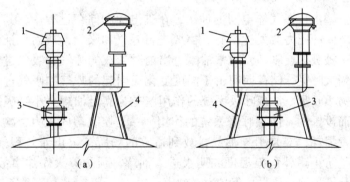

(a)　　　　　　　　　　(b)

图 7-18　机械呼吸阀和液压安全阀呼吸系统
1—机械呼吸阀；2—液压安全阀；3—阻火器；4—支架

　　呼吸系统由呼吸管、阻火器和机械呼吸阀组成，在寒冷地区可采用机械呼吸阀、液压安全阀、阻火器组合，或者全天候呼吸阀、阻火器组合。液压安全阀的控制压力比机械呼吸阀的控制压力大 5%~10%，在机械呼吸阀失效时具有安全阀的作用，故称为液压安全阀。凡储存轻质油料的地面、半地下立式油罐都应独立安装阻火器和呼吸阀，且阻火器和呼吸阀必须安装在露天，并应有防止油气进入油罐室内的措施。

(二)洞库油罐呼吸系统

洞库油罐呼吸系统由呼吸管、管道式呼吸阀、U型压力计、清扫口、放液阀、控制阀、阻火器等组成，如图7-19所示。

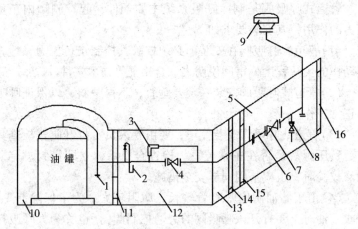

图7-19 洞库油罐呼吸系统示意图

1—清扫口；2—U型压力计；3—管道式呼吸阀；4—大呼吸控制阀；
5—接地端子；6—防雷绝缘管；7—总控制阀；8—排水阀；9—阻火器；
10—罐室；11—罐室密闭门；12—支巷道(操作间)；13—主巷道；
14—密封门；15—防护门；16—铁栅门

1. 呼吸管线

洞库油罐应按油品设置专门的呼吸管道。呼吸管道应合理布置，尽量减少转弯，具体要求如下：

(1)呼吸管线安装时，一般采用不小于3‰的坡度。

(2)呼吸管线穿过油罐室的密封墙、巷道防护门时，均须加穿墙套管且作防腐处理，用非燃材料封堵孔缝。

(3)呼吸管路应采用标准焊接钢管或无缝钢管，整个系统应严密不漏气。

(4)呼吸管出口距洞口的水平距离不小于20m。

(5)呼吸管出口端部应安装防尘防雨阻火器，或者安装普通阻火器和制式防尘防雨通气罩。阻火器的安装一律出口朝上，不准"倒挂金钟"；阻火器的上面不得装设管段（包括弯管）。

2. 管道式呼吸阀

管道式呼吸阀是洞库呼吸系统主要配件，起控制罐内正负压力的作用，其安装要求如下：

(1)管道式呼吸阀在安装前必须校验其控制正负压力，检查其动作的灵活程度，审阅说明书、合格证等技术文件。

(2)管道式呼吸阀安装一定要垂直，不得歪斜，以保证呼吸阀正常工作。

(3)管道式呼吸阀安装完毕，要由专人负责打开阀盖检查其正、负压阀盘是否在正常位置。检查合格后，立即铅封。定期检修校验时，也应采用同样安全措施。

(4)由于储油洞库呼吸管较长，摩阻较大，为了保险起见，在收发油时，要打开该呼吸阀的旁通控制阀门（也称为大呼吸控制阀，阀门应选用明杆闸阀）。

3. U 型压力计

U 型压力计是用来监测罐内气体空间压力的（见图 7－19 中 2），其安装要求如下：

(1)U 型压力计与呼吸阀门设于操作间。U 型压力计的安装应符合产品技术要求，悬挂位置适当，便于观察，管路连接严密牢靠。

(2)与呼吸管的连接口不得设在管子下部最低点，以防冷凝液流入。

(3)金属引压短管上安装一个旋塞阀，引压短管与压力计的玻璃管之间的连接选用尼龙管，尼龙管应成弧形连接，不得折死角。

(4)U 型管中灌适量红色水，便于清楚地观察油罐内正、负压力值。

4. 清扫口（排渣口）

呼吸立管中的铁锈渣落在立管与水平管的转弯处，日长年久就可能堵塞呼吸管道或减少呼吸管截面积，从而导致油罐破坏事故，因此对于较长的呼吸立管(如油罐处及洞口处的呼吸立管)在下部转弯处必须设置清扫口，并注明排渣日期。

排渣口的安装应做到开设位置合理，排渣方便，联结牢固，密封可靠。

5. 放液阀

为了排除呼吸管路中的冷凝液，保证呼吸管路的畅通，应在呼吸管路上设置放液阀，其安装要求如下：

(1)放液阀的安装位置应选在呼吸管下坡段的最低点，呼吸管有台阶式变换标高或设置阀件、管件时应适当增设放液阀。

(2)放液阀安装位置较低时，阀门出口可不设置短管。

(3)放液阀与呼吸管连接的短管头，不得超过呼吸管内壁表面，以防阻碍液体流出。

6. 防雷绝缘短管

在呼吸管的洞口内侧处(一般在总控制阀门处)须串联一节绝缘短管，将洞外与洞内的金属管线隔开，短管两端管线分别接地。

三、呼吸阀介绍

(一)呼吸阀的技术要求

(1)应按照规定程序批准的图样和技术文件制造。

(2)呼吸阀壳体、阀盘、导杆及连接件所用材料性能应符合有关规定。

(3)性能要求。

①阀体应能承受不小于 0.9MPa 的水压，无渗漏和永久变形。

②呼吸阀在常温下的试验开启压力应符合表7-3中的规定，其允许偏差是：正压时为20Pa，负压时为－20Pa。见表7-1。

表 7-1 控制压力及代号

控 制 压 力				代号
正压(呼出压力)		负压(吸入压力)		
Pa	mmH$_2$O	Pa	mmH$_2$O	
355	36	295	30	A
980	100	295	30	B
1760	180	295	30	C

③全天候呼吸阀耐低温性能的要求是：在空气相对湿度大于70%、最低温度为 $-30℃\pm1℃$ 时，经过24h的冷冻，其阀盘的试验开启压力应符合表7-3的规定，其允许偏差为 $\pm20Pa$。

④阀盘部件工作时，动作应灵敏可靠。其动作完成后，应保证密封。

⑤在控制压力条件下，其通气量应不小于表7-1的规定。

⑥以0.75倍的控制压力作为试验压力来标定呼吸阀泄漏量，当 $DN\leqslant150mm$ 时，泄漏量应不大于 $0.04m^3/h$；当 $DN\geqslant200mm$ 时，泄漏量应不大于 $0.4m^3/h$。

(4)制造和装配技术要求。

①所有零部件的加工制造应符合有关标准的规定；

②阀体试压后，腔内试验介质应全部清除干净，并涂防锈底漆；

③零件必须经检查合格方可进行装配；

④阀盘密封件如采用非金属的薄膜片时，其厚度应均匀，平面平整光滑，不应有裂痕、碰伤及影响质量的其他缺陷；

⑤阀盘与密封件镶装后要保证紧密，保证其密封性，密封口不应有碰伤等任何缺陷；

⑥呼吸阀装配完后，阀盘应开启灵活，不得有卡阻现象。

(二)呼吸阀的结构

呼吸阀分为机械呼吸阀和液压安全阀两类，根据呼吸阀的结构和工作原理每类又分若干种。

1. 重力式机械呼吸阀的结构

图7-20是重力式机械呼吸阀的结构示意图，它由阀门体、

压力阀盘、真空阀盘、导向杆等组成，是利用阀盘的自重来控制油罐内气体空间压力的一种呼吸阀，主要用于地上油罐和半地下油罐。

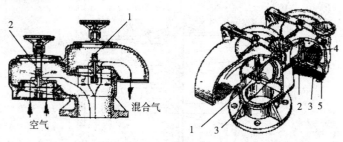

图7-20 重力式机械呼吸阀结构示意图

1—压力阀盘；2—真空阀盘；3—阀座；4—导向杆；5—金属防护网

2. 弹簧式机械呼吸阀的结构

图7-21是弹簧式机械呼吸阀的结构示意图，它是由阀门体、（压力、真空）阀盘、（压力、真空）弹簧、支架等组成的，是利用弹簧的张力来控制油罐内气体空间压力的一种呼吸阀，控制压力较大，主要用在卧式油罐和油罐车。

3. 重力弹簧组合式机械呼吸阀的结构

它由阀门体、（压力、真空）阀盘、（真空）弹簧等组成，是利用阀盘的重力来控制油罐内正压的，利用弹簧的张力和（真空）阀盘重量来控制油罐内真空度。组合式机械呼吸阀的结构有两种形式，其主要区别是进出气口的外形有所不同。一种用于地上、半地下油罐，一种用

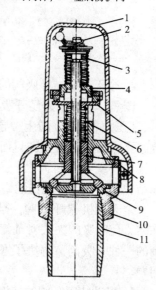

图7-21 弹簧式机械呼吸阀
结构示意图

1—阀罩；2—压力弹簧；3—6支架；
4—上阀盘；5—阀座；7—下阀盘；
8—真空弹簧；9—阀门体；
10—阀套；11—连接管

于洞室油罐。图 7-22 是组合管道式呼吸阀结构示意图，使用于洞室油罐呼吸系统。

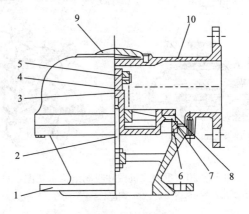

图 7-22　组合管道式呼吸阀结构示意图
1—阀体；2—导杆；3—真空阀盘；4—真空阀弹簧；5—真空阀弹簧座；
6—密封圈；7—压力阀盘；8—加重块；9—阀体小盖；10—连接管

4. 全天候机械呼吸阀的结构

图 7-23 是全天候呼吸阀。它由阀门体、(压力、真空)阀盘、(压力、真空)阀座、导向杆等组成。其特点是阀座相互重叠的立式结构，阀盘密封面与阀座密封面是带空气氟膜片垫的软接触，或者密封面上嵌入四氟乙烯。这种呼吸阀不易结霜、冻结，适用于寒冷地区油罐使用。

全天候机械呼吸阀，是为防止寒冷地区油罐呼吸阀结霜、冻结，使呼吸阀失去对油罐保护作用，在原呼吸阀的基础上研制的一种呼吸阀，解决了寒冷地区油罐呼吸阀容易结霜、冻结问题。

5. 多功能呼吸阀的结构

图 7-24 是多功能呼吸阀的结构示意图。它由内外壳体、压力阀组件、真空阀组件、(压力、真空)阀座、内壳体盖、防火组件、通气防尘罩等组成，是利用阀组件重量和配重盘来控制油罐内压的，用于地上、半地下油罐。

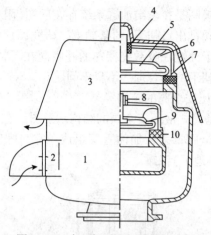

图 7-23　全天候呼吸阀结构示意图

1—阀门体；2—吸入空气口；3—阀罩；4—压力导向杆架；5—压力阀盘；
6—接地线；7—压力阀盘座；8—真空阀盘导向架；9—真空阀盘；10—真空阀盘座

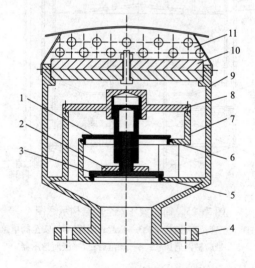

图 7-24　多功能呼吸阀结构示意图

1—真空阀组件；2—配重块；3—压力阀组件；4—连接法兰；
5—压力阀座；6—真空阀座；7—内阀门体壳；8—内阀门体盖；
9—外阀门体壳；10—防火组件；11—通气防尘罩

多功能呼吸阀是在总结油罐系统存在问题(阻火器在呼吸阀下安装,呼吸阀排出口朝下)的基础上,研究设计的一种新型呼吸阀。它解决了油罐呼吸系统存在的呼吸阀在下,阻火器在上,以及呼吸排气朝下的不合理、不科学问题。

6. 筒式液压安全阀的结构

图7-25是筒式液压安全阀的结构示意图。它由储液槽、悬起式隔板、安全阀罩盖、加油管等组成。它与呼吸阀安装于同一座(地上、半地下)油罐。

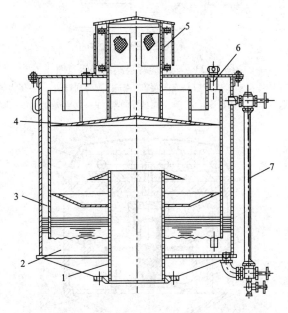

图7-25　筒式液压安全阀结构示意图

1—连接短管;2—储液槽;3—悬起式隔板;4—安全阀罩盖;

5—带防护网通风管;6—加液管;7—液面指示器

7. 蘑菇式液压安全阀的结构

蘑菇式液压安全阀的结构。图7-26是蘑菇式液压安全阀的结构示意图,它由中心管、阀底、阀门体、阀盘、保护网等组成。它与呼吸阀安装于同一座(地上、半地下)油罐。

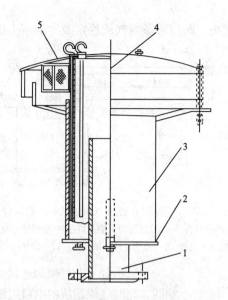

图 7-26　蘑菇式液压安全阀结构示意图

1—中心管；2—阀底；3—阀门体；4—阀盘；5—保护网

（三）呼吸阀的试验

1. 呼吸阀的阀体压力试验

试验时，呼吸阀应正确安装在试验台上。装置不应有泄漏现象。管内壁应平整光滑，不得有凹凸不平现象，并应清理干净。

阀体压力试验所用介质为 5~35℃ 的清水。试验时压力应逐渐提高到 0.9MPa，不得急剧地增加，保压时间不得少于 1min，压力应保持不变，且无渗漏，无永久变形。

2. 呼吸阀的开启压力试验

开启压力和通气量试验所用介质为：绝对压力为 0.1MPa，温度为 20℃，相对湿度为 50%，密度为 1.2kg/m³ 的空气。若空气不是此状态时，应换算成此状态。

试验装置如图 7-27 所示。该装置上的测试管内径截面积应大于或等于呼吸阀的连接法兰公称通径截面积，其管内壁应平直，不得有弯头、阀门等影响气流稳定及增加压力损失的附件。

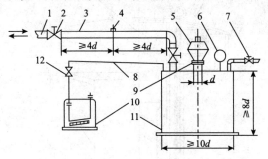

图7-27　呼吸阀开启压力和通气量试验装置
1—接风机管；2—阀门；3—测试管；4—测量口；5—被测呼吸阀；6—温度计；
7—放空阀；8—胶管；9—接管；10—微压计；11—储气罐；12—阀门

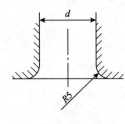

图7-28　接管

接管内径 d 与呼吸阀连接法兰公称通径相同，与储气罐相接的出口边缘为圆滑过渡（见图7-28），同时应无毛刺和可见损伤。

测量口应在气流稳定的测试管中间，距两侧的弯头或阀门的距离应大于或等于 4d，测量口与测试管相连的下面出口边应无毛刺。

呼吸阀的开启压力，是指试验中当呼吸阀的阀盘呈连续"呼出"或"吸入"状态时的压力。

试验时，将被测呼吸阀安装在储气罐接管法兰上，利用管线阀门切换实现流量的调节，使储气罐内的压力逐步升高或降低。将阀盘调整到使其处于开启状态，由连通的微压计上读出压力值，每分钟读值一次，然后再将阀盘分别转动90°、180°重复上述试验，每一工况重复3次，取平均值，试验结果应符合有关性能要求。

3. 通气量试验

测量气流的速度宜用热电风速仪，其精度等级应为0.5～1.0级。将风速仪探头垂直管壁插入测量口内，对不同位置的测点进行测量。

在矩形测试管内测量平均气流速度时,应将其管内截面划分成若干相等的小截面(见图7-29),在每个小截面的中心测量气流速度。各小截面的形状宜接近于正方形;各小截面面积应不大于0.05m²;小截面数目应不少于9个。

在圆形测试管内测量气流平均速度时,应将管内的截面划分成若干相等的环状小截面,各环共用一个圆心,测点位于测量截面的对称轴上(见图7-30),各测点距中心的距离按式(7-1)计算。

$$R_i = R \sqrt{(2i + 1)/(2n)} \qquad (7-1)$$

式中 R_i——从测试管中心到测点的距离,mm;

　　　　R——测试管半径,mm;

　　　　i——从测试管中心算起的圆环顺序号;

　　　　n——测试中在横截面上划分的圆环数量,其数量按表7-2规定选用。

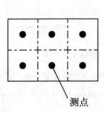

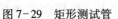

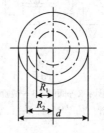

图7-29　矩形测试管　　　图7-30　$n=2$时的测点半径图示

表7-2　横截面上的圆环数量

测试管内径/mm	50	100	150	200	250
圆环数量	1	2	3	3	4

测量通气量,应在操作压力下进行。每个测点一分钟读流速值1次,读值3次,计算得算术平均值,即为截面内的气流平均速度值。按式(7-2)计算通气量,其结果应符合规定。

$$Q = 3600Fu \qquad (7-2)$$

式中　　Q——通气量,m³/h;

F——测量口段测试管截面积，m^2；

u——截面内的气流平均速度，m/s。

4. 呼吸阀的泄漏量试验

试验所用介质为：绝对压力为 0.1MPa，温度为 20℃，相对湿度为 50%，密度为 1.2kg/m^3 的空气。若空气不是此状态时，应换算成此状态。

试验装置见图 7-31。试验架的一侧连接微压计，另一侧连接流量计并和稳压罐连接，稳压罐内的正压或负压由动力源上的管线阀门切换来实现，其压力值由调压阀控制。

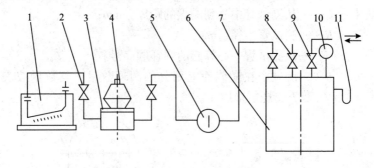

图 7-31 呼吸阀泄漏量试验装置

1—微压计；2—阀门；3—试验架；4—被测呼吸阀；5—流量计；6—稳压罐；
7—胶管；8—调压阀；9—接空气动力源管；10—温度计；11—U 型压力计

泄漏试验压力为 0.75 倍的操作压力，该值由微压计上读值。泄漏量的值由流量计上读值（流量计的精度等级应为 0.5 ~ 1.0 级）。各测量值每分钟读值 1 次，共读 3 次，取其平均值。其结果应符合规定。

5. 全天候呼吸阀的低温试验

将被测呼吸阀安装于试验架上放入低温箱内，低温箱内的温度降到 -14 ~ -15℃，同时向呼吸阀与低温箱内连续输入相对湿度不小于 70% 的常温空气，在阀盘未开启前达到呼吸阀内外结霜，再使低温箱内温度降到 -30℃，经 24h 恒温，将试验架一侧连接微压计，另一侧通过存有相对湿度不小于 70%

的常温空气的稳压罐与空气动力源相接。当呼吸阀的阀盘处于开启状态时，读压力值。上述试验重复 3 次，每次都应符合规定。

（四）重力式呼吸阀阀盘质量的确定

（1）重力式呼吸阀的控制压力是由阀盘的质量决定的，其阀盘的质量与控制正、负压力之间的关系为：

$$G = \frac{\pi \cdot d^2}{4g} \cdot P \qquad (7-3)$$

式中　G——阀盘质量，包括阀盘自重、加重块质量和其他附加物质量，当 P 为控制正压时，G 为正压阀盘的质量；当 P 为控制负压时，G 为负压阀盘的质量，kg；

　　　　d——阀座内径，m；

　　　　P——呼吸阀控制压力，Pa。

又　　　　$P = H_水/1000 \cdot \rho_水 \cdot g = H_水 \cdot g$

　　　　P——油罐允许压力，Pa；

　　　　$H_水$——用液柱高度（mmH_2O）表示的油罐允许压力，mmH_2O；

　　　　$\rho_水$——水的密度，$\rho = 1000kg/m^3$。

所以

$$G = \frac{\pi \cdot d^2}{4} \cdot H_水 \qquad (7-4)$$

式中　$H_水$——用液柱高度（mmH_2O）表示的呼吸阀控制压力，mmH_2O；

　　　　其余符号意义同上。

（2）油罐呼吸阀控制压力的确定

油罐呼吸阀的控制压力必须与油罐的允许正、负压力相适应。控制正、负压过大，可能会导致罐体的胀裂或吸瘪；控制正、负压过小，等于放松了对油罐呼吸的控制，蒸发损耗就会增大。各类油罐的设计工作压力见表7-3。

表7-3　各类油罐设计压力参考表

油罐类型	正压/Pa(mmH₂O)		负压/Pa(mmH₂O)	
	工作压力	试验压力	工作压力	试验压力
立式拱顶、准球顶油罐	2156(220)	2695(275)	637(65)	796(81.2)
立式无力矩顶油罐	1960(200)	2156(220)	490(50)	1764(180)
半地下钢筋混凝土油罐	1960(200)			
卧式油罐	24500~19000 (2500~5000)	98000(10000)	980(100)	1960~3920 (200~400)

注：$1mmH_2O = 0.98Pa$。

使用年限较长的油罐，可根据油罐顶板强度情况适当调减机械呼吸阀的控制压力。同品种油罐组使用同一呼吸阀时，其控制压力须按油罐组中设计工作压力绝对值最小的值来确定。

液压安全阀的控制压力，通常比机械呼吸阀控制压力(真空值)大5%~10%。

（五）液压安全阀的工作原理与装油高度的确定

1. 液压安全阀的工作原理

液压安全阀的工作原理如图7-32所示。当罐内压力与当地大气压相等时，内外环液封液面相平；当罐内气体空间处于正压状态时，气体由内环空间把密封液挤入外环空间中，压力不断上升时，液位也不断变化。当内环空间的液位与隔板的下缘相平时，罐内气体将通过隔板的下缘和外环液封逸入大气，使罐内正压不再增大。相反，当罐内出现负压时，外环空间的密

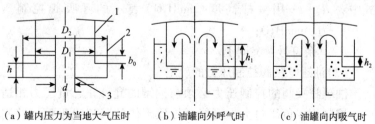

（a）罐内压力为当地大气压时　　（b）油罐向外呼气时　　（c）油罐向内吸气时

图7-32　液压安全阀工作原理示意图

1—阀体；2—阀罩；3—中心管

封液将进入内环空间,当外环中的液位与隔板的下缘相平时,大气将进入罐内,使罐内负压不再增大。隔板的下缘做成锯齿形,使密封液流动时比较稳定。

2. 液压安全阀装油高度的确定

隔板浸入液封油内的深度 h_0,可由下式算得:

$$h_0 = h_1 \cdot h_2 / h_1 + h_2 \tag{7-5}$$

根据液体静力学基本方程可知:

$$h_1 \rho_{液封} g = P_{控正}$$

$$h_2 \rho_{液封} g = P_{控负}$$

所以: $\quad h_0 = P_{控正} \cdot P_{控负} / \rho_{液封} g (P_{控正} + P_{控负}) \tag{7-6}$

式中 h_0——液压安全阀内隔板浸入液封油中的深度,m;

$P_{控正}$——液压安全阀控制正压,Pa;

$P_{控负}$——液压安全阀控制负压,Pa;

$\rho_{液封}$——液封油的密度,kg/m³;

g——重力加速度,$g = 9.8 \mathrm{m/s^2}$。

若控制正负压以 mmH_2O 为单位,控制正压用 $H_{控正}$ 表示,控制负压用 $H_{控负}$ 表示,则

$$h_0 = H_{控正} \cdot H_{控负} / \rho_{液封} / \rho_{水} (H_{控正} + H_{控负})$$

$$= H_{控正} \cdot H_{控负} / S_{液封} (H_{控正} + H_{控负}) \tag{7-7}$$

式中 h_0——液压安全阀内隔板浸入液封油深度,mm;

$H_{控正}$——液压安全阀控制正压,mmH_2O;

$H_{控负}$——液压安全阀控制负压,mmH_2O;

$S_{液封}$——液封油的相对密度。

液压安全阀液面指示器(或称油标)刻度的 0 点应与阀内筒隔板下部的锯齿口相平,此时,液封油高为 h_0;否则,液封油高应为 h_0 加上(或减去)隔板锯齿口至指示器刻度 0 点的距离。在通过油标检查液封油高度时,应使油罐内外压力平衡。

(六)油罐专用阀门常见故障及其预防

油罐专用阀门发生故障时,其控制压力必将发生变化,主要表现在油罐发出不正常声响、翘底、凹陷,甚至油罐遭受破坏。

（1）呼吸阀常见故障及其预防见表7-4。

表7-4 油罐呼吸阀常见故障及其预防

常见故障	产生原因	预防和排除方法
封口网布堵塞	封口网布过密，黏附尘埃	更换
	封口网布上凝结水气和油气，或者结霜	清除、清洗
	环境相对湿度大、气温低，封口网布结霜	注意检查，清除结霜
活动零部件冻结	环境相对湿度大、气温低，吸附水分而冻结	更换全天候呼吸阀
呼吸阀内虫、鸟筑巢	封口网布破损或者没有安装	清除虫、鸟巢，更换、安装
活动零部件黏结	呼吸阀的活动零部件加注、涂抹了润滑油脂，润滑油脂吸附空气中尘埃，或者氧化产生胶质而黏结	清洗加注、涂抹的润滑油脂，呼吸阀的活动部件不得加注、涂抹润滑油脂
活动零部件卡住	呼吸阀的阀盘、导杆精度不符合技术要求；安装时，垂直度超过允许偏差	阀盘椭圆度和导杆偏心度不超过0.5mm，安装垂直度偏差不超过1mm
	活动零部件吸附空气中腐蚀性物质而氧化锈蚀	经常检查、清洗保养，或者更换全天候呼吸
洞库油罐呼吸系统堵塞	大呼吸阀门、管路总控制阀门未开或假性打开	注意核查和阀门检查维护
	呼吸管道积存冷凝油、水、铁锈	注意检查，定期排渣、排水
	油罐超装，油品溢入呼吸管道未及时清除	及时、正确处理溢入油口

（2）液压安全阀常见故障及其预防见表7-5。

表7-5 液压安全阀常见故障及其预防

常见故障	产生原因	预防和排除方法
控制压力过大	液封油高度超过规定误差范围，密度大	液封油高度误差不得大于5mm，控制压力比机械呼吸阀控制压力大5%～10%，不得超过误差范围
	连接液压安全阀的管道坡度朝向液压安全阀，使冷凝油、水进入	连接液压安全阀的管道坡度应朝向油罐
控制压力过小	液封油蒸发损耗，密度小	经常检查，适时添加
冻结	液压安全阀底部的冷凝水没有排除，气温下降而冻结	寒区、严寒区油罐的液压安全阀入冬前必须排水
渗漏	焊接质量差，锈蚀	定期检查，及时检修

（七）机械呼吸阀的检查维护

在例行查库和每次作业时，要从外观和现象上加强检查分析，及时发现问题，及时解决。如检查油罐罐体和呼吸阀阀体有无异常变化；油罐进出油作业时，呼吸阀运行情况是否正常；U型压力计的压差是否正常；封门网有没有破损，是否畅通；洞库油罐管道式呼吸阀阀体有无漏气等。

另外还要定期对呼吸阀进行较全面的检查维护。对于地面罐和半地下罐安装的机械呼吸阀，一、四季度每月检查2次，二、三季度每月检查1次；对于安装在洞库内的机械呼吸阀，每半年检查1次。

检查维护的主要内容有：打开顶盖，检查呼吸阀内部的阀盘、阀座、导杆、导孔、弹簧等有没有生锈和积垢，并进行清洁，必要时用煤油清洗；检查阀盘运行是否灵活，有无卡死现象，密封面（阀盘与阀座的接触面）是否良好，必要时进行修理，由于密封面的材料为有色软金属，在对其研磨时，要选用较细的研磨剂（如红丹润滑油）；检查阀体封口网是否完好，有无冰冻、堵塞，抹去网上的污锈和灰尘，保证气体进出通畅；检查压盖衬垫是否严密，必要时进行更换；给螺栓加油。

（八）智能呼吸阀检测仪

GLH 智能呼吸阀检测仪采用 16 位微机控制进行程序处理，配合微型打印机，检测储油罐呼吸阀。

1. 外形结构

智能呼吸阀检测仪的正、反面结构，如图 7-33、图 7-34 所示。

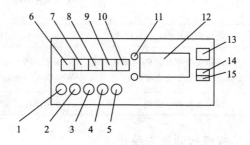

图 7-33　GLH 智能呼吸阀检测仪正面

1—功能键；2—高位数字设定键；3—低位数字设定键；4—检测键；

5—打印键；6—功能显示数码管；7、8—高位设定数码管；

9、10—低位数码管；11—上限指示；12—打印机；

13—电源开关；14—正压键；15—负压键

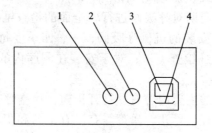

图 7-34　GLH 智能呼吸阀检测仪反面

1—压力传感器接口；2—正负压泵电源；

3—交流电压输入插座；4—保险插座

2. 使用方法

(1)功能键位置见图7-33所示。

按键"1"功能键分别会出现1~7的不同操作数字，其代表的含义见表7-6。

表7-6　功能键含义表

数 码	含 义	操 作	举	例
1	设定阀门编号	高低位设定键	高位设定	低位设定
2	设定年份	低位设定键	高位设定	低位设定
3	设定月日	高低位设定键	高位设定	低位设定
4	设定正压上限	高低位设定键	高位设定	低位设定
5	设定正压下限	高低位设定键	高位设定	低位设定
6	设定正压上限	高低位设定键	高位设定	低位设定
7	设定正压下限	高低位设定键	高位设定	低位设定

(2)接通220V电源，开启电源，数码管发亮。

(3)分别设定：阀门编号，年份，月日，正压上限，正压下限，负压上限，负压下限。

(4)检测：按一下"4"检测键，数码管会显示0000或0005。

(5)按动"14"正压键：此时供压电机会转动，数码管显示正压一系列变化的数字，计算机会记录一系列数据中的最大值。

(6)关掉"14"正压键，启动"15"负压键，此时会看到相同的结果。

(7)关掉"15"，等数据复零后，即可开启"5"打印按键。

(8)按"5"打印键，输出检测结果。

(9)检测第二台必须再次按"4"检测键，以此类推。

四、呼吸阀和液压安全阀的技术标准与检定

(一)呼吸阀和液压安全阀的技术标准

1. 口径和通气量

呼吸阀的口径和通气量应满足油罐呼吸的需要；液压安全

阀的口径和通气量也应满足油罐呼吸的需要；其口径和通气量必须符合 SY 7511—1987 的有关要求，即在控制压力条件下，其通气量应不小于表 7-7 的规定。

表 7-7　控制压力条件下的通气量

公称通径/mm		50	100	150	200	250
压力等级		通气量/(m³/h)				
A	+355Pa	25	90	190	340	550
	-295Pa	20	75	160	280	450
B	+980Pa	30	100	200	380	600
	+1765Pa	20	75	160	280	450
C	-295Pa	40	140	280	500	800
	-295Pa	20	75	160	280	450

2. 质量标准

呼吸阀、液压安全阀的质量标准应符合 SY 7511—1987 的有关要求。

3. 控制压力

呼吸阀控制压力依据油罐竣工图纸提供的油罐允许压力确定。液压安全阀控制压力(在实际使用时换算成液柱高度)，通常比呼吸阀控制压力大 5% ~ 10%。

油罐随着运行时间增加，各部位腐蚀加重，钢板减薄，呼吸阀、液压安全阀控制压力应加以调整，凡符合下列条件之一者，宜调小 25%：

(1)顶板、圈板 2m² 以上的面积，腐蚀量达钢板厚度 30%；或顶板、圈板 2m² 以上面积出现大量麻点，深达钢板厚度的 1/3。

(2)顶板、圈板凹陷、鼓包偏差达 8%(凹陷、鼓包高除以测量距离)。

(3)顶板、圈板折皱高度为钢板厚度的 7.5 倍。

4. 封口网

呼吸阀、液压安全阀直接敞口通大气的出口应加装金属封口网，网格单孔面积不大于轻 $1cm^2$，其所有孔径总有效面积不小于阀体进出口截面积。

5. 液封油与油标

液压安全阀应使用凝点低、不易挥发的油品作为液封油，凝点宜低于当地最低气温5℃以上；不同季节可使用不同凝点的液封油，但液位高度应作相应调整。

液压安全阀上必须设置指示液封油高度的指示器(尺)油标。下部设有放油口，上部设有加油孔，加油口应加盖。

6. 安装

呼吸阀、液压安全阀应垂直安装，下法兰水平偏差不大于 $1mm$。

(二)呼吸阀、液压安全阀的技术检定

油罐呼吸阀、液压安全阀的技术指标(状况)应符合其技术标准和 SY 7511—1987 的各项要求。技术检定是对呼吸阀、液压安全阀主要技术指标的检验和整定，分安装前技术检定和年度例行技术检定两种。

1. 检定项目

(1)安装前技术检定项目为：产品类型、规格型号、制造质量、通气量、水压试验、控制压力、泄漏量、低温试验、封口网规格、装油高度校核等。

(2)每年度例行技术检定项目为：呼吸阀控制压力(正压、负压)；液压安全阀装油高度校核；清洗保养。

(3)每2年例行检定项目为：泄漏量、液压安全阀的控制力检验和压力检验。

2. 检定方法

(1)产品类型、规格型号、制造质量、封口网项目按技术标准和 SY 7511—1987 的有关要求检验。

(2)水压试验、通气量、低温性能、控制压力、泄漏量项目按 SY 7511—1987 中的有关规定检验。其中水压试验、通气量、低温性能项目可抽样检验，如确信厂方提供的型式检验技术文件符合 SY 7511—1987 的各项要求，并已通过型式检验，产品附有《产品合格证》，可免做这三项检定。

为了减少拆卸，每年例行技术检定中对呼吸阀控制压力的检定，可以取出阀芯，在标准试验台的阀体上检验，试验阀体应与被检验呼吸阀同型号、同规格、同厂家，且阀座内径与被检验的阀座内径相同，误差不得超过 1mm。

纯阀盘重力式呼吸阀（包括正压、负压）控制压力的检定，可以采用阀盘称重计算法间接检验；但首次使用前必须按 SY 7511—1987 的规定复验。称重计算法的公式为式（7-3）或式（7-4）。检定时，测量阀盘重量和阀座内径的量具精度应高于 0.5%；呼吸阀正压阀盘、负压阀盘应标注明显标志，不得装反。

（3）液压安全阀装油高度校核按式（7-6）或式（7-7）进行。首次安装前，应按 SY 7511—1987 的有关规定要求，进行控制压力校核复验，液封油高度误差不得大于 ±5mm。在液压安全阀的阀体上应标明应装液封油高度和液封油品名等数据。

（4）清洗保养内容是除锈、除垢、补漆、更换不合格的密封垫。

（5）每 2 年例行检定时，必须拆下整个阀体按有关标准进行检验。

（6）弹簧式呼吸阀（或重力、弹簧复合式）检定完毕后，必须锁定弹簧调整螺母，并封漆。

（7）不得在呼吸阀、液压安全阀检定期间进行油罐油料收发作业，确需作业时，应安装备用呼吸阀。拆卸呼吸阀、液压安全阀后应封堵拆卸口，防止油气逸散，拆卸送检时间超过 4h，应安装备用呼吸阀。拆卸或安装时，应先平衡油罐内外气压，必须使用防爆工具，轻拆轻放，不得敲击，拆装人员应着防静电服装。

（8）检定结束并安装后，填写《油罐呼吸阀、液压安全阀技术检定表》（见表 7-8），交油库资料室归档。

表7-8 油罐呼吸阀、液压安全阀技术检定表

设备使用单位			
设备名称		规格型号	
制造厂		设备编号	
出厂年月	年 月	上次检定时间	年 月
安装油罐		储油品种	
油罐最大进出油量			m³/h
油罐允许压力	正压 Pa	负压	Pa
检定项目			
检定依据	《石油储罐呼吸阀》(SY 7511—1987)		
	《油库油罐呼吸阀、液压安全阀检定规程》		
检定结果	控制压力: 正压 Pa	负压	Pa
	泄漏量:		m³/h
	封口网: 最大孔径 cm	有效总面积cm²	
	液压安全阀液 封油校核高度:		mm
检定总结论			
检定时间			
检定单位		检定员:	
安装情况	年 月 日		
安装单位		安装员:	
使用单位意见	验收人: 年 月 日		

五、阻火器的介绍

(一)阻火器概况

阻火器是阻止易燃气体和蒸气的火焰继续传播的安全装置，早在 1885 年出现了填充物式阻火器，其填充物有球状填充物和筛网填充物，1928 年阻火器开始使用于石油工业，以后广泛用于石油化工系统的输送易燃蒸气的管道、输送可燃混合气体的管道、储存易燃液体的石油储罐、油气回收系统、有爆炸危险性的通风管口、火炬系统等。

(二)阻火器技术要求

(1)阻火器结构设计应保证检修方便，并按照经规定程序批准的图样和技术文件制造。

(2)壳体材料应符合有关规定；阻火层的零件必须选用在使用条件下耐腐蚀的金属材料；阻火器内及连接处的垫片不得使用动物、植物纤维或影响使用性能和寿命的其他材料。

(3)性能要求。

①阻火器壳体耐压能力、阻火器阻爆性能和阻火器耐烧性能应符合《石油储罐阻火器》(GB 5908—2005)的有关要求；

②阻火器流体压力损失应不大于下式计算的结果。

$$\delta P = \lambda \cdot L_e u^2 \rho / d \qquad (7-8)$$

式中　δP——压力损失，Pa；

　　　λ——摩擦系数(按表 7-9 选用)；

　　　L_e——阻火器当量长度(按表 7-9 选用)，m；

　　　u——平均流速，m/s；

　　　ρ——气体密度，kg/m³；

　　　d——阻火器公称直径，m。

表7-9　摩擦系数与当量长度

公称通径/mm	50	100	150	200	250
当量长度(波纹型)L_e/m	6	8	10	12	14
摩擦系数 λ	0.0284	0.0234	0.0211	0.0196	0.0185

③波纹型阻火器的通气量应不小于图7-35的规定。

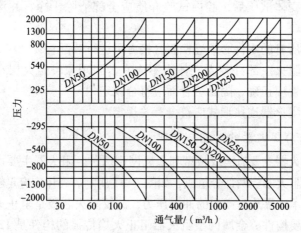

图7-35　波纹型阻火器压力—通气量曲线图

④具有低温性能要求的阻火器在空气相对湿度大于70%、最低温度为$-30℃\pm1℃$的条件下，经过24h的冷冻，其气体压力损失应符合规定，允许偏差为$\pm20Pa$，其通气量应符合规定，并应不小于2%。

⑤阻火器隔爆结合面要求：

a. 隔爆结合面$(A+B)$应小于20mm，见图7-36；

b. 隔爆表面粗糙度R_a的最大允许值为12.5μm；

c. 经加工后的隔爆表面不应存在气孔、砂眼和裂纹等缺陷；

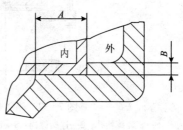

图7-36　隔爆结合面

d. 隔爆表面偶然产生的伤痕，其深度和宽度不应大于0.5mm，其长度不应大于隔爆表面有效宽度的1/3，伤痕凸起部分必须修平。

（4）制造和装配技术要求：

①所有零部件的加工制造应符合有关规定；

②壳体试压后，腔内试验介质应全部清除干净，并涂防锈底漆；

③所有的零件必须经检验合格方可进行装配；

④阻火匣部件装入壳体内不应有卡阻现象，阻火层在阻火匣内位置应正确，隔爆结合面应符合规定；

⑤阻火器连接形式应符合有关规定。

（三）阻火器的结构与原理

阻火器主要有波纹板型和金属网型两种。阻火器主要由壳体和波纹阻火芯板两部分组成，如图7-37所示。壳体应有足够的强度，以承受爆炸时产生的冲击压力，波纹阻火芯板是阻止火焰传播的主要构件。金属网型阻火器阻止火焰传播的构件是12层(8层)16目铜网或不锈钢网。油罐呼吸系统应选用波纹板型阻火器。

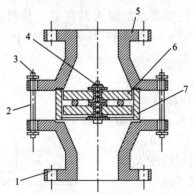

图7-37 阻火器结构示意图

1—安装螺栓孔；2—连接螺栓；3—固定螺栓；4—阻火芯板连接螺栓；
5—壳体；6—柱形波纹板阻火芯；7—阻火芯板套管

波纹阻火芯板是由锌白铜合金带或不锈钢带组成，金属带经专用设备压制卷成圆盘，形成很多横截面大小相等的三角形沟槽。用两个或三个这样的圆盘组合成柱形波纹阻火芯。

阻火器熄灭火焰的原理有两种，一是器壁效应，二是传热作用。

根据连锁反应理论，可燃混合气的燃烧并不是两种分子直接碰撞发生化学反应的结果，而是极少数气体分子受到光、热辐射或通过其他方式接受外界提供的能量后，首先离解为活化分子自由基(带自由电子的原子或原子团)，这些活化分子自由基与另一些分子碰撞产生新的自由基，新自由基又与其他气体分子碰撞，从而形成一系列的连锁反应。这种连锁反应使火焰迅速向未燃气体传播。如果活化分子自由基碰撞到器壁上，就会被器壁吸附，在器壁表面与来自器壁的自由基相互作用形成不活化分子，从而使连锁反应的速度减慢。如果吸附于器壁的气体活化分子自由基足够多时，就会扼制火焰向未燃气体传播，这种现象称为连锁反应的器壁效应。

阻火器就是利用阻火芯吸收热量和产生器壁效应来阻止外界火焰向罐内传播的。火焰进入阻火芯的狭小通道后被分割成许多小股火焰，一方面散热面积增加，火焰温度降低；另一方面，在阻火芯片通道内，活化分子自由基碰撞器壁的机率增加而碰撞气体分子的机率减小，由于器壁效应而使火焰前锋的推进速度降低，使其不能向罐内传播。

(四)阻火器的鉴定

鉴定阻火器是否合格，主要是测试其阻爆性能和耐烧性能。阻爆性能是阻火器阻止由于雷击或外部燃烧引起的火花或火焰进入油罐的能力。其测试方法，是将石脑油蒸气和空气的混合气体(其中石脑油蒸气的体积浓度为 $1.9\% \pm 0.1\%$)，导入试验装置内，然后用点火电极点燃，产生爆炸，以观察阻火器是否阻火。如被测试的阻火器，在试验装置上连续进行 13 次阻爆试验，每次都能阻火，则被认为试验合格。耐烧性能是阻火器在一定时间内承受火焰在阻火层表面燃烧而不发生回火的能力。阻火器耐烧性能的测试方法,是将石脑油蒸气与空气的混合气体(其中石脑油蒸气的体积浓度为3%±0.2%),导入耐烧试验装置,并根据阻火器的不同直径,供给不同流量的混合气体,使混合气体在阻火层上面燃烧1h,若无回火,则认为耐烧性能合格;若在1h内有回火,则被认为不合格。经有关部门测试,12层16目铜网阻火器耐烧性能不合格,4层16目金属网型阻火器阻爆、耐烧性能均不合格,均为不合格产品。石油储罐阻火器应选用波纹板型。

(五)阻火器的检查维护

对阻火器应每季度检查1次,冰冻季节每月检查1次。检查内容:火芯是否清洁畅通,有无冰冻,垫片是否严密,有无腐蚀现象。维护内容:清洁阻火芯,用煤油洗去尘土和锈污,给螺栓加油保护。

(六)波纹型阻火器

波纹型阻火器的型号有两种。一种是GZB-I型波纹阻火器,见图7-38。它与机械呼吸阀配套使用,主要规格有 DN50、DN80、DN100、DN150、DN200、DN250。

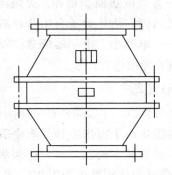

图7-38 GZB-I型波纹阻火器外形

另一种是JZ-I防爆罩波纹型阻火器。它是将波纹型阻火器和防爆罩结合成一体,起防水、防尘、防爆、阻火作用,见图

7-39。可安装在洞库油气呼吸管末端、加油站卧式油罐通气管上。也可和管道式呼吸阀配套使用，装在地面、半地下油罐罐顶。JZ-I型防爆罩波纹阻火器主要规格有 $DN50$、$DN80$。

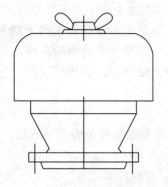

图7-39　JZ-I防爆罩波纹型阻火器

第四节　立式油罐通用附件

一、梯子和栏杆

（一）梯子

梯子是为操作人员上罐进行量油、取样等操作而设置的。目前应用最广的有罐壁盘梯和立式斜梯。

1. 盘梯

为适合于人的习惯，罐壁盘梯自上而下沿罐壁作逆时针方向盘旋，使工作人员下梯时可右手扶栏杆。梯子的升角宜为45°，且最大升角不应超过50°，同一罐区内盘梯升角宜相同；踏步宽度不应小于200mm；梯子的净宽度不应小于650mm；相邻两踏步的水平距离与两踏步之间高度的 2 倍之和不应小于600mm，且不大于660mm；整个盘梯踏步之间的高度应保持一致；踏步应用格栅板或防滑板；盘梯外侧必须设置栏杆，当盘梯内侧与罐壁的距离大于150mm时，内侧也必须设置栏杆；盘梯栏杆上部扶手应与平台栏杆扶手对中连接；沿栏杆扶手轴线测量，栏杆立柱的最大间距应为2400mm；盘梯应能承受5kN集中活荷载，栏杆上部任意点应能承受任意方向1kN的集中荷载；盘梯应全部支承在罐壁上，盘梯侧板的下端与罐基础上表面应留有适当距离。当顶部平台距地面的高度超过10m时，应设置中间休息平台。为方便操作，盘梯底层踏板一般靠近油罐进出油管线。

2. 斜梯

斜梯多用于小容积油罐或小容积油罐组。斜梯占地面积大，钢材消耗量多。

(二)罐顶平台与栏杆

固定顶油罐，通常应在罐顶设平台和栏杆及连接平台的走道。栏杆一般在油罐顶部的周圈上，有的量油孔或采光孔旁的罐顶四周设局部栏杆，从梯子平台通向罐顶中间的呼吸阀、采光孔的区间设有防滑踏步，以保证工作人员的操作安全。

平台及栏杆的设计应符合下列规定：

(1)平台和走道的净宽度不应小于650mm。

(2)铺板应采用格栅板或防滑板。当采用防滑板时，应开设排水孔。

(3)当平台、走道距地面高度小于20m时，铺板上表面至栏杆顶端的高度不应小于1050mm；当平台、走道距地面高度不小于20m时，铺板上表面至栏杆顶端的高度不应小于1200mm。

(4)挡脚板的宽度不应小于75mm。

(5)铺板与挡脚板之间的最大间隙为6mm。

(6)栏杆护腰间距不应大于500mm。

(7)栏杆立柱间距不应大于2400mm。

(8)平台及走道应能承受5kN的集中活荷载，栏杆上部任意点应能承受任意方向1kN的集中荷载。

二、人孔

人孔设在罐壁下部，是供清洗和修理油罐时作业人员进出油罐和通风使用的。

油罐容量为 1000m³ 以下时，一般设一个人孔；1000m³ 及以上时设两个人孔，并对称设置。人孔设置在油罐底层壁板上，其中心距油罐底板 70cm，人孔应设在进出油管右侧（一般 7°左右）。为方便人员进出和维修油罐时通风接管，山洞油罐的人孔应尽量和洞室密闭门相对。人孔安装位置还应离开油罐底板焊缝 50cm 以上。人孔的直径通常为 600mm，其结构如图 7-40所示。

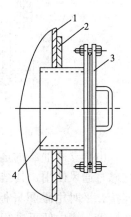

图 7-40　油罐人孔
1—罐壁板；2—加强板；
3—人孔盖板；4—人孔连接管

由于人孔安装在油罐的底层壁板上，防渗漏就显得特别重要。要求两法兰接合面必须保证其平直度，加强板和法兰应尽量为整块钢板而不是拼接钢板。法兰和盖板上加工密封圈；在施工中要特别注意保护密封面；耐油橡胶石棉垫片（厚度 3mm）不允许有折裂，垫片涂石墨润滑脂；人孔盖板上紧螺栓时，应对称均匀上紧，以防人孔盖变形。

三、采光通风口

采光通风孔如图 7-41 所示。采光孔设在油罐顶部，用于油罐检修和清洗时采光或通风用。采光通风孔直径为 500mm，设置的数目与人孔相同。油罐设一个采光孔时，应在进出油管上方的油罐顶部或油罐中心位置；设两个光孔时，采光孔与人孔应尽可能沿圆周均匀分布；采光孔外缘距罐壁一般为 800～1000mm。

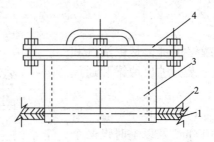

图 7-41　油罐采光孔

1—油罐顶板；2—加强板；3—采光孔连接管；4—盖板

山洞立式油罐的通风孔安装在罐顶板中心，主要用于油罐洗修时通风使用，其结构如图 7-42 所示。通风孔上部与通风管连接，平时用眼圈盲板封闭。洗修油罐时调转眼圈盲板，接通通风管，罐内便可进行机械通风。

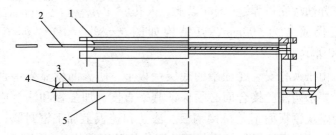

图 7-42　山洞油罐通风孔

1—法兰；2—眼圈盲板；3—加强板；4—油罐顶板；5—通风孔连接管

第五节　立式浮顶油罐专用附件

一、内浮顶油罐专用附件

内浮顶油罐与一般拱顶油罐相比，有许多附件是不同的，主要有以下七种。

（一）通气孔

内浮顶油罐液面虽然全部为内浮盘覆盖，但在实际使用中，由于制造误差和运行中的磨损，各结合部位密封面会有油气泄出；当浮盘下降时，黏附在罐壁上的油品是会蒸发的。因此，内浮盘与拱顶间的空间会有油气出现。为防止油气积聚，在罐顶和罐壁上设置了通气孔。

1. 罐顶通气孔

罐顶通气孔安装在罐顶中心位置，孔径不小于 250mm，周围安装金属网，顶部有防雨防尘土罩，如图 7-43 所示。

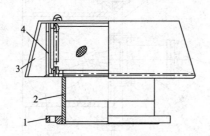

图 7-43　罐顶通气孔

1—平焊法兰；2—接管；3—罩壳；4—不锈钢丝网

2. 罐壁通气孔

罐壁通气孔安装在壁板上部，通气孔环向距离应不小于 10m，每个油罐至少应设 4 个；总的开孔面积要求每米油罐直径在 $0.06m^2$ 以上；气孔出入口安装有金属丝护罩，如图 7-44 所示。

为使其空气充分对流，降低油罐内浮盘与拱顶空间的油气浓度，罐壁通气孔应为偶数并对称设置。

另外，罐壁通气孔在储油液位超过允许高度和自动报警失灵时，还兼有溢流作用。

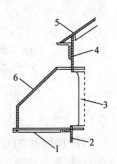

图 7-44　罐壁通气孔

1—不锈钢丝网及压条；
2、4—罐壁；3—壁板开孔；
5—罐顶；6—罩板

（二）气动液位信号器

气动液位信号器是油罐在最高液位时的报警装置，如图7-45所示。它安装在罐壁通气孔下端油罐最高液位线（安全高度线）上，由其浮子操纵气源启闭，气源管与设置在安全距离以外的气电信号灯接通，并能自动切断油泵电机电源，停止工作。

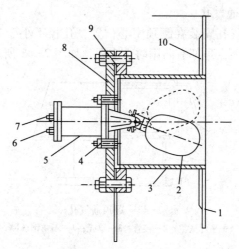

图7-45　气动液位信号器

1—罐壁；2—浮子；3—接管；4—密封垫圈；

5—气动液位信号器；6—出气管；7—进气管；

8—法兰；9—密封垫圈；10—补强板

（三）量油、导向管

内浮顶油罐的量油、取样都在导向管内进行，因此导向管也是量油管，导向管安装示意图见图7-46。导向管上端接罐顶量油孔，垂直穿插过浮盘直达罐底，兼起浮盘定位导向作用。为防止浮盘升降过程中磨擦产生火花，在浮盘上安装有导向轮座和铜制导向轮；为防止油品泄漏，导向轮座与浮盘连接处、导向管与罐顶连接处都安装有密封填料盒和填料箱。

（四）静电导出装置

内浮顶油罐由于浮盘与罐壁之间多采用橡胶、塑料类绝缘材料作密封材料，浮盘容易积聚静电，且不易通过罐壁消除。因此，在浮盘与罐壁之间都要安装导静电连接线。安装在浮盘上的导静电连接线，一端与浮盘连接，另一端连接在罐顶的采光孔上。其选材、截面积、长度、根数由设计部门根据油罐容量确定。

（五）带芯人孔

一般油罐的人孔与罐壁结合的筒体是穿过罐壁的，这种人孔不利于浮盘升降和密封。带芯人孔是在人孔盖内加一层与罐壁弧度相等的芯板，并与罐壁齐平。为方便启闭，在孔口结合筒体上还有转轴。操作时，人孔盖不离开油罐，

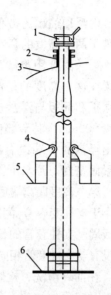

图 7-46 量油、导向管
1—量油孔；2—填料箱；
3—罐顶；4—导向轮；
5—内浮顶；6—罐底板

其结构如图 7-47 所示。内浮顶油罐人孔一般不少于 2 个：一个设在距罐底板约 700mm 处，用于清洗油罐及检修时人员出入；一个设在距离油罐底板约 2400mm 处（方便操作人员进入浮盘上部）。

（六）浮盘支柱套管和支柱

内浮顶油罐的套管和支柱由于设计单位和时期的不同，有不同的要求，但其作用都是支撑浮盘于一定高度。下面介绍一种套管和支柱的情况。

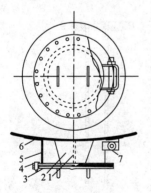

图 7-47 带芯人孔
1—立板；2—筋板；3—盖板；
4—密封垫圈；5—筒体；
6—补强板；7—转轴

内浮顶油罐为方便对浮盘检修和油罐清洗，浮盘设有支撑浮盘于两个高度的套管和支柱。

第一高度距离罐底 900mm，也就是浮盘下降的下限高度。支撑在这一高度的是浮盘套管。浮盘支柱套管穿过浮盘，并以加强板和筋板与浮盘连接。在浮盘周围堰板处的支柱套管高出浮盘 900mm，其余部位的支柱套管高出浮盘 400mm。支柱套管高出浮盘的一端设有法兰和盲板，平时用密封垫片、螺栓、螺母紧固密封。浮盘下部为 500mm。

第二高度距离罐底板 1800mm。支撑浮盘第二高度的支柱用外径小于支柱套内管（间隙应稍大点为宜）的无缝钢管制作，在浮盘堰板周围支柱套管的长度为 2700mm，其余的为 2200mm。在其端部设有与支柱套管相同的法兰，作为清洗、检修备用支柱。

在油罐清洗、检修时，把浮盘从第一高度抬高到第二高度。抬高时向罐内注水，使浮盘上升到带芯人孔下缘部位。打开人孔进入浮盘上面，取下支柱套管顶端的盲板，将备用的钢管支柱插入套管，并将支柱上的法兰与套管上的法兰用螺栓连接紧固即可。支柱套管和支柱如图 7-48 所示。

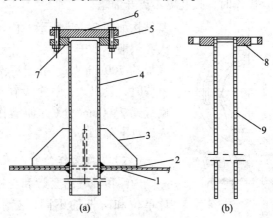

图 7-48　支柱套管和支柱

1—浮盘板；2—补强板；3—筋板；4—支柱套管；

5—密封垫圈；6—盲板；7、8—法兰；9—支柱

（七）浮盘自动通气阀

浮盘在距离罐底500mm支撑位置时，为保证浮盘下面进出油品的正常呼吸，防止油罐浮盘下部出现憋压或抽空，在浮盘中部设有自动通气阀，如图7-49所示。

自动通气阀由阀体、阀盖和阀杆组成。阀体高370mm，直径300mm，固定在浮盘板上，内有两层滚轮用来制导阀杆上下滑动。阀门盖由定位管销轴和阀杆连接，通过滑轮插盖在阀体上面。阀杆总高一般为1100mm。浮盘在正常升降时，由于阀盖和阀杆的自重，使阀门盖紧贴在阀体上面，约有730mm的阀杆悬伸在浮盘下面的油品中；

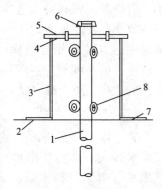

图7-49　浮盘自动通气阀
1—阀杆；2—浮盘；3—阀体；
4—密封圈；5—阀盖；6—限位销；
7—补强圈；8—滑轮

当浮盘下降到距罐底730mm时，阀杆先于浮盘支柱套管接触罐底，随着浮盘的继续下降阀杆把阀盖板逐渐顶起，当浮盘下降到支柱套管支撑位置时，阀盖板已高出阀体口230mm，使浮盘上下气压保持平衡。当油罐由于进油或检修进水上浮盘浮到距罐底730mm以上高度时，阀体将阀盖和阀杆带起，恢复紧闭密封状态。

自动通气阀在浮盘检修时，阀盖阀杆应拔出，以便盘下放水并兼作通风口使用。

此外，有的油罐在浮盘上还安装有采光孔和人孔，以便于进入浮盘下面进行检修。

二、外浮顶油罐专用附件

外浮顶油罐的附件除了与内浮顶油罐的附件相同的外，还有一些专用附件，主要有三种。

(一)中央排水管

外浮顶油罐的浮顶暴露于大气中，降落在浮顶上的雨雪如不及时排除，就有可能造成浮顶沉没。中央排水管就是为了及时排放积存在浮顶上的雨水而设置的。中央排水管由几段浸于油品中的 DN100 钢管组成，管段与管段之间用活动接头连接，可随浮顶的高度而伸直和折曲，所以又称排水折管。根据油罐直径的大小，每个罐内设 1~3 根排水折管。

(二)紧急排水口

紧急排水口是排水管的备用安全装置。如果排水管失灵，或雨水过大，来不及排水，浮顶上的雨水聚积到一定高度时，则积水可由紧急排水口流入罐内，以防浮顶由于负载过重而沉没。

(三)转动扶梯

转动扶梯是为了操作人员从盘梯顶部平台下不到浮顶上而设置的。转动扶梯的上端可以绕安装在平台附近的绞链旋转，下端可以通过滚轮沿导轨滑动，以适应浮顶高度的变化。浮顶到最低位置时，转动扶梯的仰角不得大于 60°。

第六节　立式润滑油油罐专用附件

一、润滑油量油帽

由于润滑油不易挥发，润滑油油罐通常不设专门的呼吸装置，量油孔就兼有呼吸作用。因此，润滑油油罐量油帽的结构与轻质油品罐的量油帽不同，其结构如图 7-50 所示。在帽内装有呼吸通风铜丝网。

二、起落管

润滑油油罐的起落管装于罐内，直接与进出油短管相

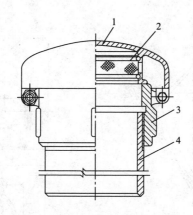

图 7-50　润滑油罐量油通气帽
1—帽盖；2—呼吸口；3—帽体；4—短管

连，连接处有转动接头，使起落管能方便地绕转动接头旋转。由于温差和沉降作用，油罐上部的油品比较干净，加热时上部油品的温度也比较高。利用起落管可以发出油罐上部的油品。当进出油管或其控制阀门受损失控时，可把起落管提升至油面以上，防止油品外流。安装起落管的油罐不需再装内部关闭阀。

　　起落管的提升角度一般不超过 70°，因角度太大时，不容易依靠自重下落。为保证提升到 70°时起落管口露出油面，起落管的最小长度 L 应为：

$$L = \frac{h_2 - h_1}{\sin 70°}$$

式中　h_2——罐底至最高液位的高度，m；

　　　　h_1——罐底至进出油管中心线的高度，m。

　　为了增大管口截面积，降低油品进入管口的速度，起落管的端管口加工成 30°角。图 7-51 和图 7-52 是起落管的构造示意图。它可以利用卷扬设备在罐外操作。这种卷扬设备结构比较复杂，操作也不太方便。目前在役油罐还有这种起落管，新油罐不再安装这种起落管。

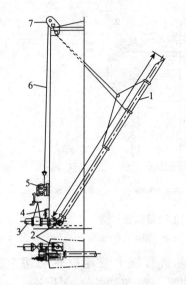
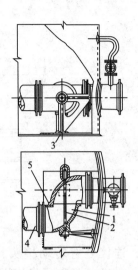

图7-51 起落管安装示意图　　图7-52 起落管转动接头示意图

1—起落管；2—转动接头；3—进出油结合管；　1—弯头；2—拉紧螺栓；3—转动

4—旁通管；5—卷扬器；6—钢丝绳；7—滑轮　接头支架；4—起落管；5—密封槽

在容积较小的油罐中，不采用复杂的卷扬设备，而在起落管上装设浮筒。图7-53就是这种浮筒式起落管。管口吊在活动浮筒下面，使管口总是保持在液下不深的位置上。浮筒随液面升降时，起落管随之升降。起落管与进出油管也是用转动接头连接。这种起落管的结构简单，但不能任意改变起落管口相对

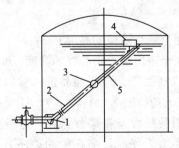

图7-53 浮筒式起落管示意图

1—旋转接头；2—起落管；3—固定浮筒；4—活动浮桶；5—注油小孔

于液面的位置，当进出油管线及其控制阀出现故障时，也不能吊起它，起不到保险作用。这种浮筒式起落管在军队油库润滑油罐中应用较多。

三、加热装置

润滑油油罐内设置的加热装置分为全面加热器、局部加热器(箱)两种。

(一)全面加热器

油罐采用的全面加热器一般为排管蒸汽加热器，它是通过蒸汽把热量传给油品的一种间接加热法。排管蒸汽加热器配置如图7-54所示。

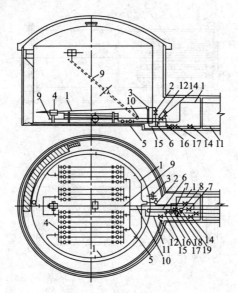

图7-54　蒸汽排管加热器

1—蒸汽管；2—蒸汽管截止阀；3—蒸汽管总分发管；4—加热排集；
5—回水集合管；6—回水管；7—内螺纹截止阀；8—疏水器；9—浮桶式升降管；
10—转动弯头；11—输油管；12—输油管铸钢阀；13—进气阀；14—输油分铸铁阀；
15—放水管；16—放水管铸钢阀；17—放水管铸铁阀；18—盲板；19—放水管堵板

排管蒸汽加热器是根据润滑油需要的加热温度,计算出所需加热面积,将若干个单元排管进行不同排列组合而成。单元排管由直管段焊接而成,其流体阻力较小,施工简单,可用低压蒸汽(小于0.3MPa)加热。其缺点是接头多,容易渗漏。在油库中采用较为广泛。

(二)局部加热器

在设置排管蒸汽全面加热器的润滑油油罐内,为提高收发油品的温度,减少加热时间,可在罐内进出油管管口和起落回转接头之间增设一个局部加热器,其结构见图7-55,加热面积17m² 左右。

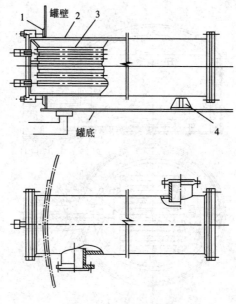

图7-55 局部加热器
1—加强板;2—壳体;3—加热管;4—支座

(三)局部加热箱

油库作业量一般在40m³/h 以下,在气候不太寒冷的地区,加热黏度不大的油品，加热油品由初温15℃升至45℃时，如使用全面加热器每次都要把罐内油品全部加热，不但加热时间长，而且热能浪费大；使用局部加热箱时，则可缩短加热时间，节约热量，而且不需要设置起落管，可有效降低成本。其结构如图7-56所示。

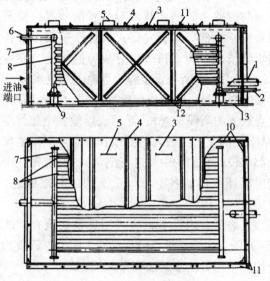

图7-56　局部加热箱

1—进出油管；2—回水管；3—箱体板；4—加强筋；
5—把手；6—蒸汽管；7—配气管；8—加温排管；9—支座；
10—箱体壁板；11—框架角钢；12 加强角钢；13—油罐底板

第七节　立式油罐附件的检查和试验

一、浮顶罐浮顶和浮舱的检查和试验

浮舱在上面位置时，通过天窗来检查；在下面位置时，则通过处在油罐第3层圈板上的人孔来检查。在进行目视检查时，要注意浮舱的水平位置。浮舱(浮顶)向一边倾斜，就证明各空舱的密封不好，其中存有油液。要检查浮舱表面是否清洁，是否有腐蚀沉淀物和脏物，检查浮顶和浮舱的支承件(行架、梁、护板、桥板)；检查安装在浮舱或浮顶上面的设备(阀门、液面测量器、取样器等)是否完好；检查密封装置的工作情况、浮舱或浮顶与罐壁之间的环状密封装置的状况；检测排静电装置、泄水系统、扶梯等是否完好；检查浮舱或浮顶各空舱和中心部分的焊缝情况。为了检查出有故障的焊缝，在各空舱内保持 0.1kPa 的压力并在所有焊接缝上都涂上肥皂水液。

在大修时要测量：浮顶或浮舱导向柱的垂直偏差值(用从导向柱的上点放入的测锤检查)；浮顶或浮舱各空舱外壁的垂直偏差值(用从空舱的上边缘放入的测锤和有毫米刻度的尺子在罐体垂直接合部部位和它们的中间进行测量)；对着每一个罐壁垂直焊缝，测出浮顶或浮舱各空舱外壁上边缘与罐壁之间的间隙。偏差不能超过规定值。

内浮顶大修后，内浮盘板应采用真空法检查，试验负压值不应低于40kPa。边缘侧板与内浮盘板之间的焊缝及边缘侧板的对接焊缝均应采用煤油渗透法检查。

油罐充水、放水时，应进行内浮顶的升降试验。内浮顶从最低支承位置上升到设计要求的最高位置，又下降到最低支承位置的过程中，应检查升降是否平稳，密封装置、导向装置以及滑动支柱有无卡涩现象，内浮顶附件是否与固定顶及安装在固定顶或罐壁上的附件相碰。并在内浮顶的漂浮状态下，检查内浮盘板及边缘板的全部焊缝有无渗漏现象。

二、机械呼吸阀及液压呼吸阀的检查和试验

(一)工具

U 型玻璃管液面压力计一只，直径 $\phi 8 \sim 10mm$，橡胶管或塑料管 2m，水箱一个。

（二）试验方法

（1）将阀盘与阀座的接触面研磨后擦净，安装好试验装置，水箱与呼吸阀法兰之间应加垫片，不得漏气。水箱内注入 2/3 的水，然后向 U 型压力计内注水（加少量红墨水）到"O"位，并用嘴吹气，当听到阀盘动声时，观察 U 型压力计水位所指数值，其水位差即为呼吸阀压力值。负压试验则用吸气胶囊或嘴吸气。

卧式罐因正压较高，应在 U 型压力计内注汞，将所测得的数值乘 13.6 即为水柱。用打气筒或压缩空气注气。液压呼吸阀的试验与机械呼吸阀相同。

经试验，压力值与油罐压力值不符时，应相应地增减阀盘质量。

（2）机械呼吸阀的计算方法：

阀盘质量 $\qquad G_k = 25.5\pi d^2 \cdot P$

正压 $\qquad\qquad P = \dfrac{G_k}{25.5\pi d^2}$

式中　G_k——阀盘质量，g；

$\qquad P$——压强，Pa；

$\qquad D$——阀盘座内径，m。

（3）液压阀内加入的油品深度（高度）、密度与阀的压力有关。阀内隔壁加油深度可根据下式计算：

内隔壁油深度 $= \dfrac{\text{出气压力油柱高度} \times \text{进气压力油柱高度}}{\text{出气压力油柱高度} + \text{进气压力油柱高度}}$

式中　油柱高度 = 水柱高度/油的密度。

第八节　立式油罐附件的选择

一、油罐附件及其作用

立式油罐附件及其作用见表 7-10。

表7-10　立式油罐附件及其作用

类别	设备名称	型式	安装位置	作用
收发油设备	进出油短管	单管式 双管式	罐身下层圈板，管中心线离罐底30cm	进出油料
	罐内封闭阀	直接操作式	进出油短管末端	防止进出油短管或罐前阀损坏漏油
	升降管	操纵式 浮桶式	安装在润滑油罐或航空油料罐的进出油短管上	可分层发油
	胀油管		两头分别与输油管路和罐身顶部相连	保证输油管的安全
	进气支管		安装在罐前输油管路阀门的外侧	供管路放空油料用
	排水系统	集水槽	油罐底板下	排放罐底污水、污油
		虹吸式放水管	罐身下层圈板，中心线离罐底约30cm	
调节气压设备	机械呼吸阀		罐顶	减少油料蒸发损耗，保证油罐安全
	液压安全阀		罐顶	减少油料蒸发损耗，保证油罐安全
	呼吸管路		罐顶	供坑道油罐和润滑油罐大小呼吸用
安全设备	阻火器	金属波纹板式	在油罐与呼吸阀之间	防止明火进入油罐
	防静电装置		油罐底板上	导走静电
量油采样设备	测量孔		罐顶	测量油高，采取油样
	水银比压计测量装置			监测油高
	液位测量仪表			测量油高
清洗排污设备	人孔		罐身下层圈板	供洗罐、检修用
	采光孔		罐顶	采光和通风
加温设备	蛇形管加热器 梳状管加热器		润滑油罐内	给润滑油加热

二、油罐主要附件配备数量及规格

（一）金属油罐主要附件配备数量及规格

（1）金属油罐主要附件配备数量及规格参考表7-11。

表7-11　金属油罐主要附件配备数量及规格参考表

名称 附件 容积/m³	轻油罐						重油罐					
	带放水管 排污孔		透光孔		人孔		清扫孔		透光孔		人孔	
	放水 管直 径/mm	个 数	直径/ mm	个 数	直径/ mm	个 数	规格/ mm	个 数	直径/ mm	个 数	直径/ mm	个 数
100~700	50	1	500	1	600	1	500×700	1	500	1	600	1
1000~2000	80	1	500	2	600	1	500×700	1	500	2	600	1
3000	100	1	500	2	600	2	500×700	2	500	2	600	1
5000~10000	100	1	500	3	600	3	500×700	2	500	3	600	1

注：一般情况可选用φ600mm人孔，如罐内安装浮筒式升降管时，人孔的规格应根
　　据浮筒的大小加以选用。

（2）"油库设计其他相关规范"中的规定。

金属油罐主要附件配备数量及规格应符合表7-12的规定。

表7-12　量油口、罐顶人孔、罐壁人孔、排污槽
及排水管的设置个数及规格

油罐直径 D/m	量油口 个数	罐顶人孔 个数	罐壁人孔 个数	排污槽（或清扫口） 个数	排水管 个数×公称直径
D≤12	1	1或2	1或2	1	1×80
12<D≤15	1	2	2	1	1×80（或100）
15<D≤30	1	2或3	2	1	1×100
D>30	3	3	2	2	2×100（或150）

注：（1）表中D指油罐直径。

　　（2）量油口公称直径不应小于100mm，罐顶人孔和罐壁人孔的公称直径宜
　　　　为600mm。

　　（3）洞内油罐和覆土式油罐的罐壁人孔不应少于2个，排污槽、排水管可各设
　　　　1个。洞内油罐的罐顶人孔可设1个。

　　（4）丙类油品储罐应采用清扫口。

　　（5）内浮顶油罐的通气孔等附件的设置，应符合GB 50341的相关规定。

(二)轻油配呼吸阀、黏油配通气管直径选择

轻油配呼吸阀、黏油配通气管直径选择见表 7-13 和表7-14。

表 7-13　呼吸阀直径

最大输出量/(m³/h)	数量(个)×公称直径/mm
<25	1×50
<60	1×80
60~100	1×100
101~150	1×150
151~250	1×200
251~300	1×250
>300	2×200 或 2×250

表 7-14　通气管直径

进出油接合管的直径/mm	通气管直径/mm
80~150	150
200~250	200
>300	250

(三)呼吸阀、通气管口金属丝网的选择

呼吸阀、通气管口金属丝网的选择，见表7-15。

表 7-15　金属丝网选择表

附件名称	网号	丝径/mm	孔径/cm
呼吸阀封口	19.8	0.56	16
	10.4	0.46	22
通风管封口	11	0.31	50
	10.2	0.27	64
	0.78	0.27	90

三、油罐附件系列产品

(一)油罐附件系列产品表

油罐附件系列产品表见表 7-16。

表7-16 油罐附件系列产品表

名称	型号	规格	材质	用途
罐顶透气孔	GTQ 系列 TQG	DN100、150、200、250、300、500	碳钢	安装在重质油罐和浮顶油罐顶部，起呼吸作用
罐壁通气孔	GFG 型		碳钢	安装在内浮顶油罐顶部，起通风作用，在事故状态下起溢流作用
人孔	普通人孔	DN600、750	碳钢	安装在油罐壁下部，供人员进出油罐
	回转盖人孔			根据需要还有带芯人孔、垂直吊盖人孔
排污孔	GPW 系列	DN50、80、100、150	碳钢	安装在轻质油罐底部，排出罐底污水
采光孔	A、B 型	DN500	碳钢	安装在油罐顶部，供罐内采光用
	快开型			
清扫孔	回转盖式	DN50、80、100	碳钢	安装在重质油罐底部，排出罐底污水及清扫罐底污泥
	垂直吊盖式	400×500、500×700	碳钢	
机械呼吸阀	GFP-Ⅱ	DN50、100、150、200、250	铸铁、铜	安装在轻油罐顶部，供油罐大小呼吸
浮球式全天候呼吸阀	GFQ-Ⅰ	DN100、150、200、250	铝合金	安装在轻油罐顶部，供油罐大小呼吸，适用于寒冷地区
全天候阻火呼吸阀	QZF-89 -Ⅰ型	DN100、150、200、250	铝合金	它将阻火器和呼吸阀合为一体，安装在轻油罐顶部，起呼吸、阻火的作用。它可在 -35～60℃ 范围内正常工作
	GFZ-Ⅱ型	DN50、100、150、200、250		
弹簧呼吸阀	XZ-50 型	DN50	碳钢、铸铁	用于不超过于75m³油罐的小呼吸
量油孔	脚踏式	DN100、150	铝合金、铸铁、不锈钢	安装在油罐顶部，用于测量罐内油高、温度及取样等
	带锁侧开式	DN100、150		

名称	型号	规格	材质	用途
阻火透气帽	STE－50	*DN*50	铝合金、不锈钢	用于小型油罐阻火透气
液压安全阀	GYA 系列	*DN*80、100、150、200、250	碳钢	安装在轻油罐顶部，与呼吸阀配套使用，呼吸阀失灵时起安全作用
波纹阻火器	ZGB－Ⅱ	*DN*50、100、150、200、250	铝合金、铸铁、不锈钢	安装在轻油罐顶部，起阻火的作用，常与呼吸阀配套使用
浮动式吸油装置	GFX 系列	*DN*50、100、150、200、250、300、350、400	碳钢、铝合金、不锈钢	安装在拱顶油罐内，随罐内油位上下浮动，从而使发出的油品全部是油罐上层纯净油品
内浮盘	铝浮盘	用于 1000、2000、5000、10000m³ 油罐的规格	铝合金	安装在内浮顶油罐内
	不锈钢浮盘		不锈钢	
HB 枢轴式中央排水装置	ZPZ 系列	*DN*100、150、200、250	碳钢、铝合金、不锈钢	安装在外浮顶油罐内，用于排放罐顶积水，同时可用于灭火泡沫的输送
罐内封闭阀	GNF	*DN*200、300、400	铸铁、碳钢	（见其厂家介绍）
空气泡沫产生器	PC 型系列	PC4、PC8、PC16、PC24	铸铁、碳钢	安装在轻油罐壁顶部，用于灭火

注：①本表是根据保定通用石油工业公司提供的产品样本编制的。
　　②据介绍"抚顺石油机械厂"、"上海实华机械设备有限公司"、"湖北储罐实业股份有限公司"、"湖北洪湖市万安环保石化设备有限公司"等单位也有同类产品。

（二）ZGB—Ⅰ新型波纹阻火器简介

国内原沿用的金属网型阻火器，经测试不合格，应更新换代。

ZGB－Ⅰ型波纹阻火器符合 GB 5908—86 规定。该产品规格及外形尺寸见图 7-57 和表 7-17，压降曲线见图 7-58。

表 7-17　规格及外形尺寸　　　　　　　mm

规格	A	B	C	D
DN50	140	110	230	236
DN80	185	150	280	270
DN100	205	170	325	274
DN150	260	225	427	288
DN200	315	280	496	316
DN250	370	335	593	330

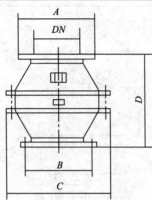

图 7-57　ZGB-Ⅰ型波纹阻火器

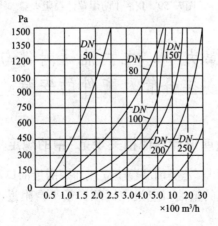

图 7-58　阻火器压力降试验曲线图

(三)JZ-Ⅰ型防爆罩波纹阻火器

这是新型波纹阻火器和防爆罩结成一体的新产品，起防水、防尘、防爆、阻火等作用，符合 GB 5908—86 规定。

它安装在洞库油气呼吸管末端、加油站卧式油罐通气管上。也可和管道式呼吸阀配套使用，装在地面、半地下油罐顶。

该产品外形尺寸及规格见表 7-18 和图 7-59。

表 7-18 规格及尺寸表   mm

规格	A	B	C
DN50	110	140	162
DN80	150	185	200

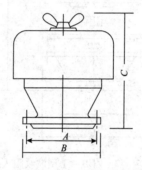

图 7-59 JZ-Ⅰ防爆罩波纹阻火器

第九节 立式油罐附件与
接合管及配件的安装

一、"油库设计其他相关规范"中的规定

(1)储存甲、乙类油品覆土立式油罐的量油口不应设在罐室内。其余油罐的量油口应设在罐顶梯子平台附近，与罐壁的距离宜为 1.0m。

(2)地上拱顶油罐的罐顶人孔，宜设在距罐壁 0.8～1.0m 处(以罐顶人孔中心计），并与罐壁人孔相对应。覆土立式油罐的罐顶人孔，应有一个设在罐顶中央板上，其余宜靠近罐室采光通风口。

（3）油罐低位罐壁人孔应沿罐壁环向均布设置。

（4）油罐正常使用的排水管，宜靠近油罐进出油接合管设置。

（5）油罐宜在罐顶上设置仪表安装孔。仪表安装孔的公称直径不应小于400mm，其中心与罐壁和人孔、排水槽、进出油接合管等罐内附件的水平距离，不应小于1.0m。

（6）地上固定顶油罐和覆土立式油罐的通气管设置，应符合下列规定：

①油罐的通气接合管，应尽可能地设在罐顶的最高处，且覆土立式油罐的通气管管口必须引出罐室外，并宜高出覆土面1.0～1.5m。

②储存甲、乙、丙A类油品的地上固定顶油罐和覆土立式油罐的每根通气管上，必须装设与通气管相同直径的阻火器。

③储存甲、乙类油品固定顶油罐的通气管上，尚应装设与通气管相同直径的呼吸阀，其控制压力不得超过油罐的设计工作压力。当呼吸阀所处的环境温度可能低于或等于0℃时，应选用全天候式呼吸阀。

④地上固定顶油罐和覆土立式油罐的通气管直径和根数，应按满足下列要求确定：

a. 通气管内的流速按油品进、出油罐的最大流量计算，安装呼吸阀的油罐不应超过1.4m/s，未安装呼吸阀的油罐不应超过2.2m/s；

b. 当安装呼吸阀的油罐进、出罐流量大于170m³/h，未安装呼吸阀的油罐进、出罐流量大于300m³/h时，该罐应设2根相同直径的通气管，且每根通气管的流速不应超过本款a.项的相应规定值；

c. 通气管的最小公称直径，不应小于80mm。

二、地面立式油罐附件的安装

地面立式油罐罐体的基本附件有人孔、采光孔、量油孔、旋梯(或爬梯)、栏杆等。工艺系统有输油系统、排污系统、涨油补气系统、呼吸系统等。黏油罐尚有加热用的蒸汽、回水系统。此外还有防雷防静电系统和消防系统，这些分别由供电和给排水专业设计。有的单位在罐顶上还装了液面测量装置；在采光孔上装了U型管压力计；在罐内最高液位装了最高液位报警控制器。

(一)地面立式固定顶油罐的罐体附件安装

地面立式固定顶油罐的罐体附件安装，如图7-60所示。

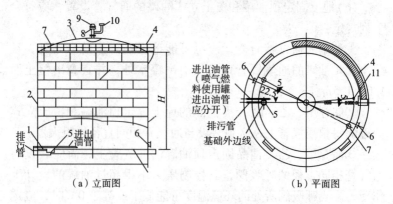

(a)立面图 (b)平面图

图7-60　地面立式固定顶油罐罐体附件安装图样
1—罐底；2—罐壁；3—罐顶；4—旋梯与栏杆；5—排污槽；6—罐壁人孔；
7—采光孔；8—阻火器；9—机械呼吸阀；10—液压安全阀；11—量油孔

(二)地面立式内浮顶油罐的罐体附件安装

地面立式内浮顶油罐的罐体附件安装，如图7-61所示。

三、掩体立式油罐附件的安装

掩体立式油罐与地面立式油罐的基本附件和工艺设计系统基本相同，所不同的就是因为掩体罐增加了操作间，离壁衬砌掩体罐还增加了罐室，使罐体附件和工艺系统的安装位置和安装方法上发生了变化。人孔、输油系统、涨油补气系统、排污系统等均集中安装在操作间内，罐顶采光孔加大变成进料孔及量油孔，呼吸系统伸至覆土层外，见图7-62和图7-63。

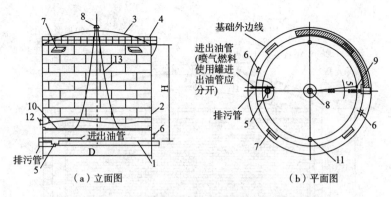

（a）立面图 （b）平面图

图7-61 地面立式内浮顶油罐罐体附件安装图

1—罐底；2—罐壁；3—固定罐顶；4—旋梯与栏杆；5—排污槽；

6—罐壁人孔；7—罐壁通气孔；8—罐顶通气孔；9—量油孔；

10—内浮盘；11—采光孔；12—带芯人孔 13—静电导线

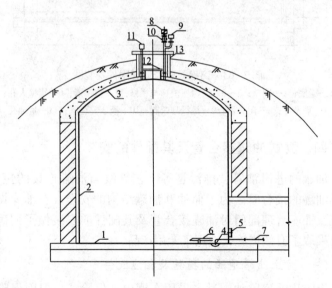

图7-62 贴壁衬砌掩体罐附件安装图

1—钢罐底板；2—钢罐壁板；3—钢罐顶板；4—排污槽；5—罐壁人孔；

6—进出油管；7—排污管；8—机械呼吸阀；9—液压安全阀；

10—阻火器；11—量油孔；12—采光孔；13—进料孔；

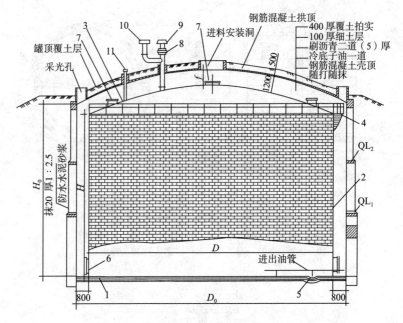

图 7-63　离壁衬砌掩体罐附件安装图

1—罐底；2—罐壁；3—罐顶；4—旋梯与栏杆；5—排污槽；6—罐壁人孔；

7—采光孔；8—阻火器；9—机械呼吸阀；10—液压安全阀；11—量油孔

四、立式油罐接合管及其配件的安装

油罐的进出油管、排污管等工艺管线与油罐连接的短管，俗称油罐的接合管。为了储油和油罐结构的安全，在油库设计规范及油库管理部门对油罐接合管及其配件的安装做了明确规定，采取了有效措施，选用了专用产品。

（一）防止油罐跑油的措施及相应配件

为防止油罐跑油，过去采用在罐内加保险阀，但因保险阀关闭不严和操作困难而逐渐被陶汰。现规定在罐前装两道阀门，第一道常开不用，作为第二道阀门检修时备用。但因普通阀门质量问题，常有渗油串罐现象，因此对不经常收发油的储罐，罐前两道阀门通常都全关，起不到备用作用。

近几年生产的新产品"双密封闸阀"，严密，几乎不渗漏，俗称"0 泄漏阀"。但价格高，可作为罐前第二道阀，则第一道阀可选用普通的铸钢阀，作为常开备用阀。第二种防油罐跑油的措施是在罐内装罐内封闭阀，罐外只加一道阀门。罐内封闭阀安装在油罐进出油管的位置，带有阀盖的一侧伸入罐内，阀盖与阀口形成封闭面，处于常闭状态。向罐内输油时，泵的压力顶开阀盖即可完成，不需要专门的操作。向罐外发油时，需用操作装置打开阀盖，发油完毕再使阀盖回位保持常闭状态。罐内封闭阀的安装总体尺寸见图7-64、表7-19。罐内封闭阀的连接短管及加强板与罐体的安装尺寸见图7-65、表7-20和表7-21。表7-19~表7-21中数据为浙江佳力科技股份有限公司的产品，其他厂家的产品请见相应的说明书。

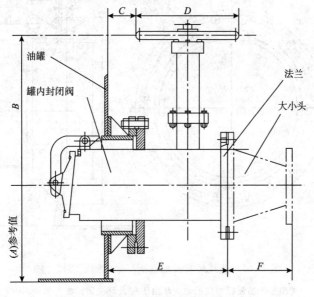

图 7-64　罐内封闭阀的安装总体尺寸图

表 7-19　罐内封闭阀的安装尺寸　　　　　　　　mm

连接尺寸	FBS250			FBS350			FBC500		
	DN100	DN150	DN200	DN250	DN300	DN350	DN400	DN450	DN500
A	360			410			600		
B	575			645			790		
C	107			115			252		
D	400			400			400		
E	466			469			571		
F	250			250			350		
法兰/压力	DN250/1.6MPa			DN350/1.6MPa			DN500/1.6MPa		
大小头	DN250 DN100	FN250 DN150	DN250 DN200	DN350 DN250	DN350 DN250		DN500 DN400	DN500 DN450	

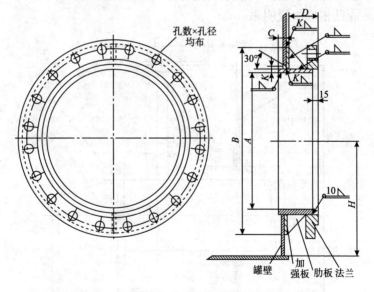

图 7-65　连接短管及加强板与罐体的安装尺寸图

注：K 值等于加强板厚度的值；H 由工程设计决定；法兰采用 GB/T 9113—1988 标准。

表 7-20　连接短管及加强板与罐体的安装尺寸　　mm

罐内封闭阀型号	FBS250	FBS350	FBC500
A	353	456	600
B	520	620	950
C	15	15	20
D	100	100	150
法兰公称通径 DN	350	450	600
法兰公称压力		1.6MPa	
$n \times \phi d$	16×ϕ26	20×ϕ30	20×ϕ36

表 7-21　加强板厚度

罐容/m³	10000	5000	3000	2000	1000	700	500	300	200	100
厚度/mm	18	12	10	8	6	6	6	4	4	4

（二）防止油罐结构破坏的罐前金属软管的安装

油罐进出油管线及管墩，设计时应考虑罐体下沉而造成油罐破坏的问题，在油罐进出油管线第一个阀门后应安装金属软管。

（1）罐前金属软管结构，见图 7-66。

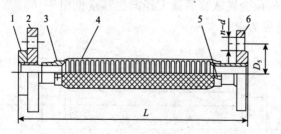

图 7-66　罐前金属软管结构

1—密封座；2—松套法兰；3—卡环；
4—网体；5—紧固件；6—平焊法兰

（2）罐前金属软管的安装位置，见图 7-67。

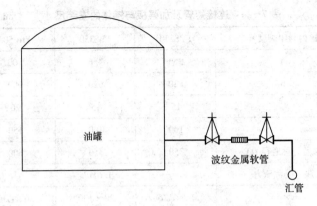

图7-67　金属软管安装位置

（3）金属软管安装要求。

①在安装选用金属软管长度时，可参考金属软管最大径向位移量，见表7-22。

②严禁焊渣溅伤网套。

③避免软管扭曲。

④软管一端为固定支撑，另一端为滑动支撑，软管中间不允许加支点。

⑤软管安装时应保持水平直线状态。

（4）罐前金属软管的最大径向位移量见图7-68、表7-22，其选用见表7-23。

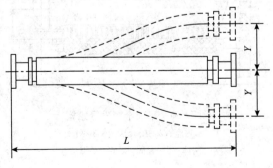

图7-68　径向位移

表 7-22 波纹金属软管最大径向位移量

管径、管长 径向位移 Y/mm	波纹金属软管管径/mm							
	50	100	150	200	250	300	350	400
	波纹金属软管管长 L/mm							
32	500	500	600	700	800	900	1000	1100
40	500	600	700	800	900	1000	1100	1200
50	500	700	800	900	1000	1100	1200	1300
65	500	700	900	1000	1100	1200	1300	1400
80	600	800	1000	1100	1200	1300	1400	1500
100	700	900	1100	1200	1300	1400	1500	1600
125	800	1000	1200	1300	1400	1500	1600	1800
150	900	1100	1300	1500	1600	1700	1800	1900
200	900	1200	1400	1500	1700	1800	1900	2100
250	1000	1300	1500	1700	2000	2100	2200	2300
300	1100	1400	1700	1900	2200	2300	2500	2600
350	1200	1500	1800	2000	2200	2400	2600	2800
400	1300	1600	2000	2200	2500	2700	2900	3200

注：本表引自《油田地面工程设计手册》，石油大学出版社，1995。

表 7-23 罐前金属软管的选用系列

公称压力 PN/MPa	公称通径 DN/mm	软管代号		法兰连接				最小弯曲半径		实验压力 P_s/MPa	爆破压力 P_b/MPa
		碳钢法兰A	不锈钢法兰F	螺栓孔中心圆直径 D/mm	螺栓孔直径/mm	数量/个	法兰标准	静态 R_j	动态 R_d		
0.6	32	0.6JR32A	0.6JR32F	90							
	40	0.6JR40A	0.6JR40	100	14			≥7DN			
	50	0.6JR50A	0.6JR50F	110							
	65	0.6JR65A	0.6JR65F	130		4	GB 9121.1				
	80	0.6JR80A	0.6JR80F	150							
	100	0.6JR100A	0.6JR100F	170				≥6DN			
	125	0.6JR125A	0.6JR125F	200	13				≥2R_j	1.5PN	4PN
	150	0.6JR150A	0.6JR150F	225		8					
	200	0.6JR200A	0.6JR200F	280							
	250	0.6JR250A	0.6JR250F	335			GB 9119.6				
	300	0.6JR300A	0.6JR300F	395		12		≥5DN			
	350	0.6JR350A	0.6JR350F	445	22						
	400	0.6JR400A	0.6JR400F	495		16					

公称压力 PN/MPa	公称通径 DN/mm	软管代号		法兰连接			法兰标准	最小弯曲半径		实验压力 P_s/MPa	爆破压力 P_b/MPa
		碳钢法兰 A	不锈钢法兰 F	螺栓孔中心圆直径 D/mm	螺栓孔直径/mm	螺栓孔数量/个		静态 R_j	动态 R_d		
1.0	32	1.0JR32A	1.0JR32F	100		4	GB 9121.2	≥7DN	≥2Rj	1.5PN	4PN
	40	1.0JR40A	1.0JR40F	110							
	50	1.0JR50A	1.0JR50F	125	18						
	65	1.0JR65A	1.0JR65F	145							
	80	1.0JR80A	1.0JR80F	160							
	100	1.0JR100A	1.0JR100F	180		8		≥6DN			
	125	1.0JR125A	1.0JR125F	210							
	150	1.0JR150A	1.0JR150F	240							
	200	1.0JR200A	1.0JR200F	295	22	12	GB 9119.7				
	250	1.0JR250A	1.0JR250F	350				≥5DN			
	300	1.0JR300A	1.0JR300F	400							
	350	1.0JR350A	1.0JR350F	460		16					
	400	1.0JR400A	1.0JR400F	515	26						
1.6	32	1.6JR32A	1.6JR32F	100		4	GB 9121.3	≥7DN	≥2R_j	1.5PN	4PN
	40	1.6JR40A	1.6JR40F	110							
	50	1.6JR50A	1.6JR50F	125	18						
	65	1.6JR65A	1.6JR65F	145							
	80	1.6JR80A	1.6JR80F	160							
	100	1.6JR100A	1.6JR100F	180		8		≥6DN			
	125	1.6JR125A	1.6JR125F	210							
	150	1.6JR150A	1.6JR150F	240	22						
	200	1.6JR200A	1.6JR200F	295							
	250	1.6JR250A	1.6JR250F	315		12	GB 9119.8				
	300	1.6JR300A	1.6JR300F	410	26			≥5DN			3PN
	350	1.6JR350A	1.6JR350F	470		16					
	400	1.6JR400A	1.6JR400F	525	30						

公称压力 PN/MPa	公称通径 DN/mm	软管代号		法兰连接			法兰标准	最小弯曲半径		实验压力 P_s/MPa	爆破压力 P_b/MPa
		碳钢法兰 A	不锈钢法兰 F	螺栓孔中心圆直径 D/mm	螺栓孔直径/mm	数量/个		静态 R_j	动态 R_d		
2.5	32	2.5JR32A	2.5JR32F	100							
	40	2.5JR40A	2.5JR40F	110		4		≥7DN			
	50	2.5JR50A	2.5JR50F	125	18		GB 9121.1				4PN
	65	2.5JR65A	2.5JR65F	145							
	80	2.5JR80A	2.5JR80F	160					≥2R_j	1.5PN	
	100	2.5JR100A	2.5JR100F	180	22	8		≥6DN			
	125	2.5JR125A	2.5JR125F	220							
	150	2.5JR150A	2.5JR150F	250	26		GB 9119.6				3PN
	200	2.5JR200A	2.5JR200F	310				≥5DN			
	250	2.5JR250A	2.5JR250F	370	30	12					

主要参考文献

[1] 范继义. 油库设备设施实用技术丛书——油罐[M]. 北京：中国石化出版社，2007.
[2] 中石油油库管理手册编委会. 油库管理手册[M]. 北京：石油工业出版社，2010.
[3] 总后油料部. 油库技术与管理手册[M]. 上海：上海科学技术出版社，1997.
[4] 杨进峰. 油库建设与管理手册[M]. 北京：中国石化出版社，2007.
[5] 樊宝德，郝宝垠，朱焕勤. 21 世纪油库员工岗位培训系列读本——油库机修工[M]. 北京：中国石化出版社，2006.
[6] 马秀让. 油库工作数据手册[M]. 北京：中国石化出版社，2011.
[7] 马秀让. 油库设计实用手册（第二版）[M]. 北京：中国石化出版社，2014.
[8] 马秀让. 钢板贴壁油罐的建造[M]. 北京：解放军出版社，1988.
[9] 马秀让. 石油库管理与整修手册[M]. 北京：金盾出版社，1992.